# 벌지 전투 1944 (2)

Campaign 145 : The Battle of the Bulge 1944 (2) Bastogne
by Steven J. Zaloga

First published in Great Britain in 2004, by Osprey Publishing Ltd.,
Midland House, West Way, Botley, Oxford, OX2 0PH.
All rights reserved.
Korean language translation ⓒ 2018 Planet Media Publishing Co.

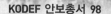

KODEF 안보총서 98

# 벌지 전투 1944 (2)

### 바스토뉴, 벌지 전투의 하이라이트

**스티븐 J. 잴로거** 지음 | **피터 데니스 · 하워드 제라드** 그림 | **강민수** 옮김 | **한국국방안보포럼** 감수

플래닛미디어
Planet Media

1990년대 초, 그런대로 제대로 된 군사관련 기사 또는 서적이 출간되기 시작한 이래 군사 마니아들을 상대로 다양한 읽을거리들이 나왔다. 감수자 또한 이러한 읽을거리를 보급하던 한 사람으로서 우리나라 군사서적의 수준을 향상시키는 데 노력해왔다.

하지만 민간 마니아들은 한정된 독자들을 대상으로 한정된 자본만을 가지고 군사관련 서적을 출간했기 때문에, 이런 서적들을 하나의 '출판물'이라는 시각으로 본다면 책으로서의 기본적인 모양새를 제대로 갖추지 못한 '싸구려 책'의 범주를 벗어나지 못하는 것이 많아 아쉬움이 컸던 것도 사실이다.

따라서 최근 대중적인 출판물을 출간하는 출판사에서 서적의 모양이나 발간절차 등 제대로 된 모양새를 갖춘 책들을 하나 둘 내기 시작하는 것은 우리나라 군사관련 서적의 수준 향상에 있어서 아주 긍정적인 현상이라고 생각할 수 있다.

제2차 세계대전 굴지의 전투 가운데 하나인 '벌지 대작전'을 해설한 이 책은 그동안 절반 이상이 픽션으로 채워진 일부 영화와 기사들이 알려주던 단편적인 지식에서 벗어나 이 전투의 전체를 제대로 가르쳐주는 우수한 책이라고 생각한다. 또한 등장한 군사무기나 지명, 인물들에 대한 정확한 번역에 대해서는 군사 마니아의 한 사람으로서 높이 평가하고 싶다.

제2차 세계대전 유럽 전선에서 유명한 전투들은 스탈린그라드 공방전, 쿠르스크 전투, 노르망디 상륙작전, 몬테카시노 전투 같은 것들이 잘 알려져 있는데, 벌지 전투 또한 유명도에서는 이들 전투들과 어깨를 나란히 한다고 할 수 있다.

파죽지세로 진격하면서 1944년 크리스마스 이전에 전쟁을 끝낼 수 있을 것이라며 낙관하던 연합군의 의표를 찌른 독일군의 대반격 작전은, 사실 동원할 수 있는 모든 자원을 쥐어짜내어 요즘 말로 "올인"을 한 작전이었지만, 성공할 가능성이 거의 없는 무모한 작전이었다는 점에서 참으로 드라마틱한 면이 많다. 또한 독일군과 연합군 양측이 정예병들을 동원하여 질서정연하게 힘으로 맞선 대결이 아니라, 오합지졸의 독일군과 의표를 찔려 당황하는 연합군이 서로 실수를 거듭하면서 이리저리 뒤엉켜 싸운 전투라는 면에서도 흥미를 자아낸다. 그리고 "유럽에서 가장 위험한 사나이"라는 오토 슈코르체니의 특수부대의 활약, 미군으로 위장한 병사와 차량들, 101공수사단을 중심으로 한 바스토뉴의 필사의 공방전 등도 극적인 효과를 높여주고 있다.

훗날의 시각으로 본다면 독일군이 이런 장비들을 가지고 본토방위에 주력하는 편이 훨씬 나았을 것이라는 견해가 대부분이다. 역사에 있어서 가정은 부질없는 것이지만, 만일 독일군이 벌지 대작전을 벌이지 않고 본토수비에 주력했다면 이후 전황은 어떠했을까?

사실 독일군의 '주적'은 미영 연합군이라기보다는 소련이었다. 1944년의 히틀러 암살사건 당시에도 암살을 주도한 장군들의 계획은 히틀러를 제거한 뒤 미영과는 화친을 시도하더라도 소련과는 계속 전쟁을 벌인다는 것을 분명히 하고 있었다. 벌지 대작전에서 독일이 남은 장비를 모두 긁어모았다고는 하지만, 사실 가장 우수한 병기들은 대부분 동부전선에 투입된 상태였다.

기갑전투만 보더라도 독일군이 상대하는 적은 동부전선과 서부전선에서 근본적으로 차이가 있었다. 서부전선에서 비록 미군의 항공전력에 압도당하기는 했어도 독일 기갑부대의 상대는 셔먼전차 같은 빈약한(?) 차량들이 대부분이었던 반면, 동부전선에서 상대하는 기갑차량은 무지막지하기가 독일군 티거전차에 전혀 뒤지지 않는 스탈린중(重)전차 시리즈를 비롯, 85밀리미터포를 장비한 T-34/85 등으로 차원이 달랐다.

이 때문에 압도적인 수를 자랑하는 소련군에게 아무리 필사적으로 대항해도 결국은 독일군이 밀렸을 것이고, 서부전선에서 밀려오는 미영 연합군을 국경에서 막았다면 오히려 소련군들이 독일 전토를 석권하는 기회를 주었을지도 모른다. 그러므로 벌지 대작전이 전후 서독이 성립하는 데 간접적인 공헌(?)을 했다고 생각한다면 지나친 억측일까?


현대의 병기와 전술의 근원은 대부분 제2차 세계대전에서 나왔다고 할 수 있다. 이런 면에서 제2차 세계대전은 잊혀진 옛날의 전쟁이 아니라 그 자체로 우리에게 많은 배울 점을 주는 귀한 자료들을 넘치도록 담고 있다. 그리고 6년 동안이나 직접 전쟁을 체험한 사람들은 병기 성능의 극한을 추구하여 짧은 기간에 엄청난 발전을 이룩했으며, 이런 비약적인 기술향상은 모두 현대병기 기술의 바탕이 되었다(대전 초기의 독일군 1~2호 전차와 전쟁 말기의 쾨니히스티거를 비교해보면 실감이 날 것이다). 이것이 제2차 세계대전을 잊혀진 전쟁으로 무시할 수 없는 이유이다.

제2차 세계대전에 대한 올바른 이해를 위해서 이런 책은 반드시 필요하다고 생각한다. 앞으로도 이런 우수한 제2차 세계대전 번역물들이 많이 나와주고 대중들의 사랑을 받아주기를 군사애호가의 한 사람으로서 간절히 바란다.


유승식(전 <군사정보> 발행인)

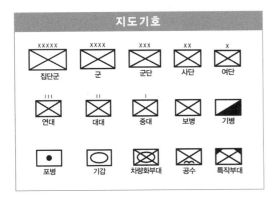

## 지도기호

| xxxxx | xxxx | xxx | xx | x |
|---|---|---|---|---|
| 집단군 | 군 | 군단 | 사단 | 여단 |

| ||| | || | | | | |
|---|---|---|---|---|
| 연대 | 대대 | 중대 | 보병 | 기병 |

| | | | | |
|---|---|---|---|---|
| 포병 | 기갑 | 차량화부대 | 공수 | 특작부대 |

# | 차 례 |

아르덴 공세 시작 후 독일 제6기갑군은 아르덴 북부에서 돌파를 시도했다. 생비트에서 격렬하게 저항하는 미군으로 인해 독일군의 진격은 크게 지연되었고, 결국 돌파는 실패하고 말았다. 공세가 2주차에 접어들면서 북부지역에서 돌파구를 뚫지 못한 독일군은 남부지역으로 공격의 방향을 돌렸다. 아르덴 남부지역 전투에서 관심의 초점이 된 곳이 바로 바스토뉴(Bastogne)였다. 사진은 12월 17일, 뷜링엔(Büllingen)에서 비르츠펠트(Wirtzfeld)로 이동중이던 파이퍼전투단(Kampfgruppe Peiper)의 선두에 섰다가 미군의 M10울버린(Wolverine)대전차자주포에 격파당한 4호전차 J형(PzKpfw IV Ausf J)의 모습.

| 전투의 배경 |

1944년 12월, 아르덴(Ardennes)에서 벌어진 독일군의 반격작전은 북서유럽 전선의 향방을 결정지은 대전투였다. 약 2주간에 걸쳐 벌어진 혈전 끝에 서부전선의 전세를 뒤집으려던 히틀러의 도박은 실패로 끝나고 말았다. 『벌지 전투 1944(1)−생비트, 히틀러의 마지막 도박』은 아르덴 공세 초반기를 집중조명한 책으로, 아르덴 북부의 엘젠보른(Elsen-born) 능선과 생비트 일대에서 독일군이 겪은 중대한 실패를 다루고 있다.

독일군의 북부지역 공세의 목표는 뫼즈(Meuse) 강을 목표로 제6기갑군(6th Panzer Army)을 리에주(Liège)까지 진격시키는 것이었다. 그러나 미군의 치열한 저항으로 제6기갑군은 북부지역에서 돌파구를 뚫는 데 실패하고 만다. 반면, 중앙지역을 담당한 제5기갑군은 제6기갑군보다 훨씬 떨어지는 전력으로도 미군의 신예 제106보병사단(The 106th Infantry Division)을 분쇄하고 미군 전선에 돌파구를 찾았다.

아르덴 공세가 2주째로 접어들면서, 제5기갑군의 성공을 최대한 활용하여 북부지역에서의 실패를 만회하고 싶었던 히틀러는 원래 제6기갑군에 배치되었던 기갑사단들까지 새로운 돌파구로 쏟아부었다. 그 결과, 독일 기갑사단의 선봉대는 미군 전선 후방 깊숙이 파고 들어가는 데 성공했다. 그러나 독일군의 진격은 미군의 저항과 여러가지 이유로 크게 지체되었고, 미군은 크리스마스 이전에 증원 기갑부대를 아르덴 지역으로 투입할 수 있는 시간을 얻을 수 있었다.

1944년의 마지막 며칠 동안, 뫼즈 강에 도달하려는 독일군과 이를 저지하려는 미군 사이에서 치열한 전투가 벌어졌다. 독일군은 안간힘을 쓰며 공격에 공격을 거듭했지만, 미군의 두터운 방어선과 막대한 물량을 어찌할 수는 없었다. 기세가 다한 독일의 공격은 결국 저지되고, 정예 기갑사단들도 재기불능의 타격을 입고 말았다. 그러나 이후 계속된 혹독한 겨울의 추위로 인해 연합군이 독일군의 '돌출부(Bulge)'를 완전히 제거하는 데는 한 달이라는 시간이 더 걸리게 되었다.

## :: 전략적 상황

독일군은 아르덴 공세를 위해 약 37마일(67킬로미터) 길이의 전선에 3개 군을 투입했다. 독일군의 목표는 기습공격으로 연합군 전선에 구멍을 뚫은 후 안트베르펜(Antwerpen)까지 신속하게 진격하여 미영 연합군을 분단시키는 것이었다. 하지만 독일국방군(Wehrmacht)의 고위지휘관 대부분은 이런 야심찬 계획의 실현가능성에 대해 회의적인 시각을 가지고 있었다. 이보다는 덜 야심차지만 동시에 보다 현실적인 계획으로, 몇몇 지휘관들은 뫼즈 강 도달에 초점을 맞춘 작전을 제안하기도 했다. 그러나 히틀러가 이런 이견에 눈길도 주지 않을 것이라는 사실을 잘 알고 있던 독일국방군 작전참모장은 이를 보고할 엄두도 내지 못했다. 결국, 이 계획들은 빛을 보지 못하고 묻혀버리고 말았다.

독일군 지휘관들은 카드게임의 용어를 빌려, 그나마 현실적인 작전계획을 '본전치기(Little Slam)'로, 히틀러의 작전계획을 '싹쓸이(Grand Slam)'로 표현했다. 결국 히틀러의 '싹쓸이' 목표가 실현불가능하다는 것이 분명해진 크리스마스 이후에도, 독일군 지휘관들이 한참 동안이나 공격을 지속한 것은 '본전'이라도 건져보자는 몸부림이었다고 할 수 있다.

독일군은 전 전선에 걸쳐 전력을 균등하게 배치하지 않고 우익의 제6기갑군에 공격력을 집중시켰다. 이런 배치가 이루어진 이유는 아르덴의 지형 및 작전이 벌어진 시기와 관련이 있었다. 뫼즈 강까지 갈 수 있는 가장 빠른 방법은 독일 국경과 리에주 사이에 뻗어 있는 도로망을 이용하는 것이었는데, 바로 이 도로망이 독일군의 우익이자 아르덴 전선 북부의 제6기갑군 담당지역에 있었기 때문이었다. 물론 아르덴 중부지역에도 리에주로 가는 도로들이 있었지만 모두 먼 거리를 돌아가야 하는 우회로들이었다. 한편, 룩셈부르크(Luxembourg)로부터 뻗어나오는 형상이었던 남부지역은 신속한 기동작전을 펼치기에는 지나치게 험한 지형이었다.

독일군의 공세에서 또다른 핵심적인 요소는 바로 '시간'이었다. 일단 독일군의 공격이 시작되면 연합군은 최대한 빠른 시간 내에 아르덴 지역으로 증원부대를 쏟아부을 것이 분명했고, 따라서 독일군으로서는 최단거리 통로로 최단시간 내에 공격목표까지 진격해야 했다. 결론적으로, 독일군의 작전이 성공하기 위해서는 단 4일 내에 뫼즈 강에 도달하여 도하(渡河)까지 끝내야만 했던 것이다. 만약 4일을 넘긴다면, 연합군은 독일군의 공세를 저지하는 데 필요한 충분한 병력을 이 지역에 투입할 수 있을 터였다.

이런 조건하에서, 공격의 주력을 맡은 제6기갑군에는 2개 친위기갑군단을 포함하여 이번 공세에 참가한 전체 기갑부대의 60퍼센트가 집중배치되었다. 나머지 기갑전력의 대부분은 보다 열세의 전력을 보유한 '2개 기갑군단'이라는 형태로 중앙부의 제5기갑군에 배치되었다. 제5기갑군의 목표는 제6군의 좌측 옆구리를 보호하는 동시에 담당구역 내에 있는 뫼즈 강행(行) 통로들을 확보하는 것이었다. 북쪽의 통로들에 비해 상대적으로 이 통로들은 뫼즈 강으로부터 더 떨어져 있긴 했지만 여전히 중요한 전략적 가치를 가지고 있었다.

독일의 마지막 공격부대는 남부지역의 제7군이었다. 제7군에는 사실상 기갑전력이 전혀 없었으며 룩셈부르크의 산악지형에 보다 적합한 보병부대로 구성되어 있었다. 대부분의 독일군 지휘관들은 아무래도 기동성이 크게 떨어질 수밖에 없는 제7군이 돌파작전에서 큰 역할을 할 수 있을 것이라 생각하지 않았다. 그러나 북쪽의 2개 군이 북서쪽으로 진격할 예정이었던 것과는 달리, 제7군의 목표는 국경지대의 연합군 방어선을 무너뜨린 후 곧바로 방어선을 형성하는 것이었다. 이로써 남쪽에서 공격해올 것으로 예상되는 미군의 증원부대로부터 독일군 돌출부의 좌익을 보호하려는 것이었다. 따라서 독일군 지휘부는 이런 병력구성이 특별히 문제되지는 않을 것이라고 판단했다.

그러나 결과적으로 북부지역에서 벌어진 제6기갑군의 공격은 실패로 끝나고 말았다. (이에 대해서는 『벌지 전투 1944(1)―생비트, 히틀러의 마지막 도박』에서 자세히 다루고 있다.) 삼림지대로 이루어진 국경지역을 돌파하려던 독일군은 졸렬한 전술로 인해 진격일정에 막대한 차질을 빚었다. 덕분에 미군은 점진적으로 퇴각하면서 대규모의 보병 증원부대를 투입할 수 있는 여유를 얻을 수 있었다.

이 작전에서 제1친위기갑군단(1st SS-Panzer Corps)의 공격은 미군 보병들의 방어선을 뚫는 데 실패하고 큰 피해만 입었다. 반면, 제5기갑군의 우익은 보다 신중하고도 적절한 침투전술을 사용하여 미군의 전초선을 깊숙이 파고들어가 제106보병사단의 2개 연대를 포위섬멸하는 대전과를 거두었다. 이 전투에서 제106보병사단의 2개 연대가 한꺼번에 항복하게 되면서, 미군이 제2차 세계대전 동안 유럽전선에서 입은 단일전투 손실 중 최대규모를 기록했다.

미군 전선에 커다란 구멍을 뚫어낸 제5기갑군은 곧 전과확대를 위해 돌파구에 2개 기갑사단을 밀어넣었다. 그러나 독일군이 거둔 성공에도 문제는 있었다. 일단 구멍을 뚫긴 했지만 완전한 돌파구를 형성하지는 못했던 것이다. 미군은 여전히 생비트(St Vith)에서 중요한 도로 및 철도노선들을 틀어막고 있었고, 따라서 독일군은 전과확대는 고사하고 계속 전진해 나가던 선봉부대들을 증원하는 것조차 매우 어려운 처지가 되고 말았다.

이 '눈엣가시'를 제거하기로 마음먹은 독일군이 퍼붓는 무지막지한 공격에 생비트의 미군은 버티고 버티다 마침내 12월 23일에 생비트로부터 철수했다. 여기까지의 벌지 전투 경과에 대해서는 『벌지 전투 1944(1)―생비트, 히틀러의 마지막 도박』에서 자세히 다루었다.

이 책에서는 남부와 중부지역에서의 작전, 즉 중앙지역의 제5기갑군과 룩셈부르크의 제7군이 벌인 작전에 초점을 맞추고자 한다.

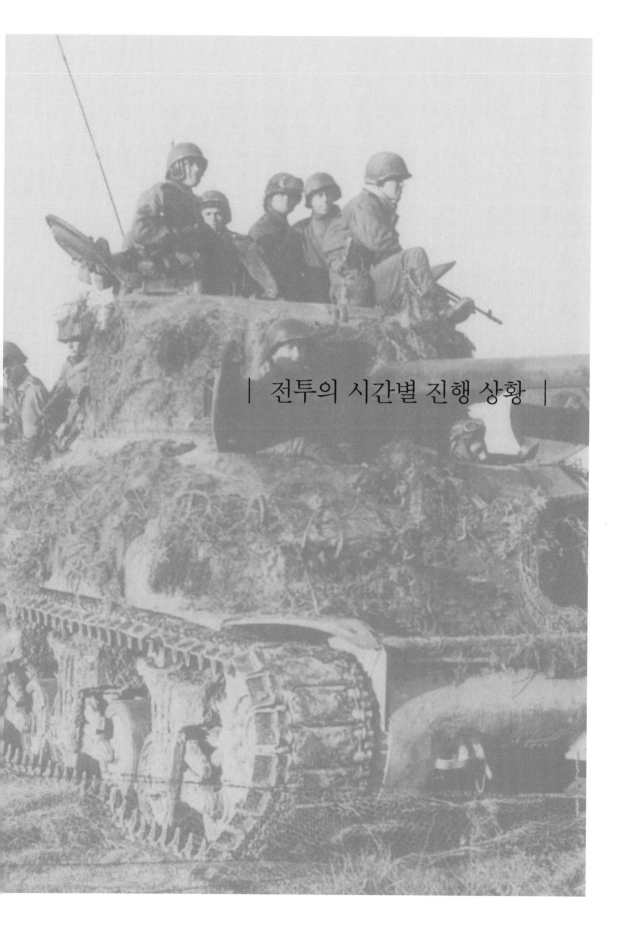

전투의 시간별 진행 상황

| | |
|---|---|
| 10월 11일 | 아르덴 계획 초안(암호명 '라인 수비Wacht am Rhein작전', 이후 '가을안개Herbstnebel작전'으로 개칭)이 히틀러에게 제출되다. |
| 12월 16일 04:00시 | 독일 제5기갑군 보병들이 우르(Our) 강을 건너 침투를 개시하다. |
| 12월 16일 05:30시 | 아르덴 지역의 미군 전초진지에 대한 공격준비사격과 함께 '가을안개작전'이 시작되다. |
| 12월 16일 06:00시 | 독일군의 공격준비사격이 종료되다. 독일 척탄병부대가 전진을 시작하다. |
| 12월 16일 정오~저녁 | 브래들리(Omar Bradley)가 제10기갑사단(The 10th Armored Division)에게 바스토뉴(Bastogne)로 이동할 것을 명령하다. 아이젠하워(Dwight Eisenhower)가 제18공수군단(XVIII Airvorne Corps)의 아르덴 배치에 동의하다. |
| 12월 17일 | 미 제110보병연대본부가 위치한 클레르프(Clerf)가 독일군의 공격에 함락되다. 해질 무렵, 미군 전선에 구멍이 뚫리다. |
| 12월 17일 심야 | 미들턴(Troy Middleton)이 바스토뉴로 향하는 독일군의 길목을 차단하기 위해 제9기갑사단 예비전투단(CCR, 9th Armored Division)을 배치하다. |
| 12월 18일 저녁 | 제101공수사단(101st Airborne Division)의 선발대가 바스토뉴에 도착하다. |
| 12월 19일 08:00시 | 독일군 수색대가 바스토뉴 외곽의 미군 방어선을 정찰하다. |
| 12월 19일 저녁 | 독일군의 공격에 빌츠(Wiltz)의 미군 방어선이 붕괴되다. 바스토뉴로 향하는 또 하나의 도로가 뚫리다. |
| 12월 19일 | 아이젠하워가 미군 고위지휘관들과 회동하여 독일군의 공격에 대한 향후대응을 논의하다. |
| 12월 20일 | 아이젠하워가, 미들턴의 제8군단(VIII Corps)을 제외한 나머지 제1군과 9군 예하 부대의 지휘권을 브래들리의 제12집단군(12th Army Group)으로부터 몽고메리(Bernard Montgomery)의 제21집단군에게 인계하다. |
| 12월 20일 정오 | 북부지역에서 제6기갑군의 공격이 실패하자, 모델(Walter Model)이 제6기갑군에 소속된 제2친위기갑군단(II SS-Panzer Corps)을 중부지역으로 재배치하다. |
| 12월 21일 오전 | 패튼(Geroge Patton)의 제3군(Third Army) 예하 제3군단이 바스토뉴 구출을 위해 공격을 개시하다. |
| 12월 21일 오후 | 제116기갑사단이 오통(Hotton)에 도착하지만 마을점령에는 실패 |

하다. 타이유(Tailles) 고원의 도로교차점을 확보하기 위한 전투가 시작되다.

| | |
|---|---|
| 12월 22일 11:30시 | 독일군 사절단이 바스토뉴의 미군에게 항복을 권고하다. 매컬리프(McAuliffe) 준장이 "얼간이들(개소리 마라)"라고 회답하다. |
| 12월 22일 저녁 | 독일군 교도기갑사단(Panzer Lehr Division)이 오르트(Orthe) 강으로 이동을 시작함에 따라 바스토뉴가 독일군에게 완전포위되다. |
| 12월 23일 06:00시 | 미군이 생비트 돌출부로부터 철수를 개시하다. |
| 12월 23일 오전 | 제2친위기갑사단을 선두로 하여 제2친위기갑군단이 타이유 고원으로 이동을 개시하다. |
| 12월 23일 저녁 | 독일군 제2기갑사단이 디낭(Dinant) 인근에서 뫼즈 강으로부터 6마일(9킬로미터)떨어진 지점까지 진출했다고 보고하다. |
| 12월 23일 밤 | 제2친위기갑사단 다스라이히(Das Reich)가 미군 방어선을 분쇄하면서 만헤이(Manhay)의 도로교차점을 확보하다. |
| 12월 25일 | 날씨가 개면서 연합군 항공부대의 맹렬한 공습이 시작되다. |
| 12월 25일 오전 | 디낭으로 가는 길목에서 미 제2기갑사단이 독일 제2기갑사단의 선봉대를 포위섬멸하다. |
| 12월 26일 오후 | 미 제4기갑사단 소속 특임대(Task Force)가 독일군 방어선을 뚫고 들어가 바스토뉴 해방의 서곡을 울리다. |
| 12월 27일 새벽 | 제2친위기갑사단이 그랑므닐(Grandmenil)과 만헤이에서 밀려나다. 제6기갑군이 방어태세로 전환할 것을 지시받다. |
| 12월 30일 | 미, 독 양군이 바스토뉴 지역에 대한 공격을 계획하다. 그러나 독일군의 공격은 별다른 성과를 거두지 못했다. |
| 1월 3일 | 만토이펠(Hasso von Manteuffel)이 바스토뉴에 대한 최후의 공격을 가하나 역시 실패하다. 이 공격을 마지막으로 아르덴 지역에서 독일군은 더이상 대규모 공격을 실시하지 못한다. 미 제1군이 패튼의 제3군과의 연결을 위해 우팔리제(Houfallize)에 대한 공격을 개시하다. |
| 1월 16일 | 미 제1군이 우팔리제에서 제3군과 연결을 달성하다. |
| 1월 28일 | 미군이 독일군에게 빼앗겼던 모든 지역의 탈환을 완료하다. |

양측 전투계획

## :: 독일군의 계획

제5기갑군의 공격에는 3개 군단이 동원되었다. 우익(북쪽)에는 제66보병 군단(66th Infantry Corps), 중앙에는 제58기갑군단, 좌익(남쪽)에는 제47기 갑군단이 배치되었다. 제66보병군단의 임무는 생비트의 중요 도로교차점 을 확보하는 것이었다. 하지만 제66보병군단은 미 제106보병사단의 분쇄 에는 성공했으되 생비트를 점령할 수 없었고, 그 결과 뫼즈 강으로 전진해 나간다는 원래의 목표달성은 실패하고 말았다.

제116기갑사단과 제560국민척탄병사단(The 560th Volksgrenadier Division)으로 구성된 제58기갑군단의 임무는 국경지대를 파고들어가 우 팔리제(Houfallize)를 경유하여 뫼즈 강으로 진출하는 것이었다. 마지막으 로, 제2기갑사단과 제26국민척탄병사단으로 구성된 제47기갑군단의 목표 는 도로교통의 중심지였던 바스토뉴의 점령이었다. 바스토뉴를 점령한 후 에는 뫼즈 강으로 진출하여 요새화된 나뮈르(Namur) 시 남쪽 지역에서 강 을 도하할 예정이었다.

이 외에도 제5기갑군은 이 3개 군단을 지원하기 위한 기갑 예비대로서 교도기갑사단(敎導機甲師團, Panzer Lehr Division)과 총통경호여단(Führer Begleit Brigade)을 보유하고 있었다. 공격에 나선 3개 군단 중 어느 하나라 도 주요 돌파구를 뚫어내는 데 성공하면, 바로 이들 예비대가 돌파구에 투 입되어 전과확대에 나선다는 계획이었다. 그러나 실제로 공격이 시작되자 제5기갑군은 생비트에서 격렬히 저항하는 미군을 몰아낼 수 없었다. 따라 서 하소 폰 만토이펠(Hasso von Manteuffel) 장군은 예비대였던 총통직할 여단을 전투 초반부터 투입할 수밖에 없었다.

가뜩이나 병력이 모자란 상황에서 처음부터 병력운용에 차질이 생기 자, 만토이펠은 임무를 달성하려면 뭔가 다른 방법을 찾아야 한다는 사실 을 깨달았다. 사실 전체 작전계획에 명시되어 있는 '세부목표'를 하나도 빠뜨리지 않고 달성하려고 들다간 아르덴 공세의 '최종목표'인 뫼즈 강 서쪽 진출은 꿈도 꿀 수 없는 상황이었다. 바스토뉴, 우팔리제, 라로슈(La Roche), 생비트와 같은 큰 마을이나 도시들을 모두 점령하고 확보하기엔 공격군의 규모가 너무 빈약했다. 따라서 만토이펠은 휘하 지휘관들에게 "만약 진격중에 완강한 저항에 부딪히게 되면 이를 우회하고 후속 보병부대에 뒷처리를 맡기라"고 지시했다.

전체적인 전략목표를 감안하면 이런 전술도 나름대로 타당한 것이었다. 그러나 결국 '뫼즈 강 도달'이라는 목표는 달성불가능한 것으로 판명이 나고, 만토이펠은 이 전술이 남긴 부작용 때문에 두고두고 속을 썩게 된다. 독일군이 미처 정리하지 못하고 그냥 지나쳐버린 바스토뉴에서 미군이 격렬하게 저항했기 때문이었다. 만토이펠로서는 뱃속에 커다란 가시가 박혀 있는 셈이었고, 이 '가시'는 결국 독일군의 움직임을 크게 제한했다.

만토이펠의 병력배치계획은 이웃의 제프 디트리히(Sepp Dietrich) 친위대장(아르덴 공세 당시 디트리히는 '친위상급대장'으로 진급한 상태였으나 원서에는 친위대장으로 나와 있음—옮긴이)이 지휘하던 제6기갑군의 계획과는 달랐다. 디트리히는 매우 협소한 공격통로를 따라 예하 부대들을 줄줄이 밀어넣는 식으로 배치해놓았지만, 만토이펠은 아르덴의 열악한 도로사정을 감안할 때 이런 식의 배치는 무모할 뿐이라고 생각했다. 또한 그의 예상대로 제6기갑군은 공격이 시작되자마자 심각한 교통정체로 꼼짝못하는 상황에 빠지고 말았다. 같은 우를 범하는 대신 만토이펠은 "10개의 문을 두드리다보면 몇 개는 열리기 마련"이라는 신념으로 부대를 전 전선에 폭넓게 배치했다. 실제로 만토이펠의 이러한 전술은 디트리히의 전술보다 훨씬 효과적인 것으로 드러났다.

제7군의 공격은 2개 군단 폭에 불과한 협소한 축을 따라 이루어졌다. 룩셈부르크의 험한 산악지형 때문에 독일군도 그 외에는 어찌해볼 도리가 없었다. 우익을 맡은 제85보병군단은 비앙덴(Vianden) 지역을 뚫고 나가다가 미군의 방어선이 붕괴되면 남쪽으로 진격하기로 되어 있었다. 반면

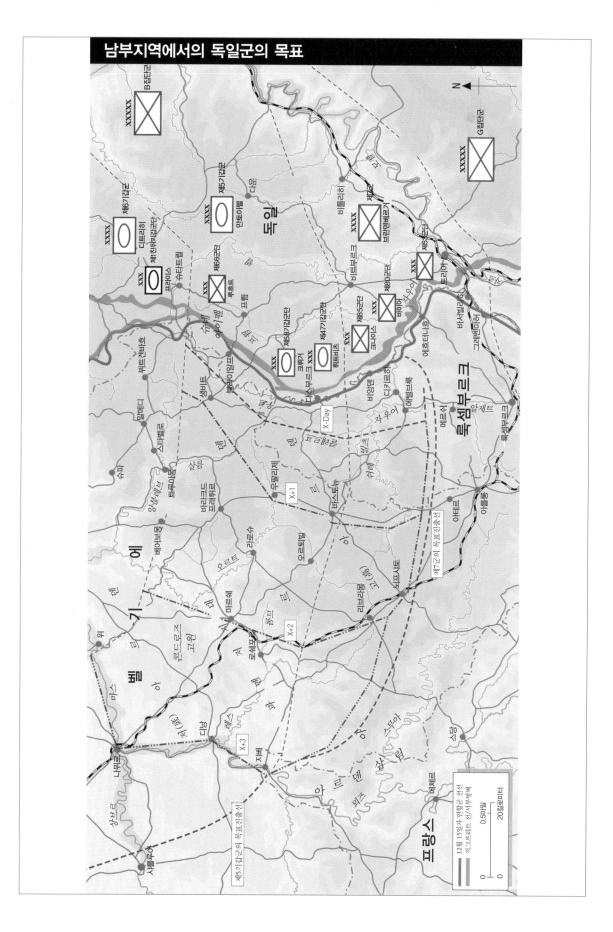

남부지역에서의 독일군의 목표

좌익의 제80보병군단은 미군 방어선을 깊이 뚫고 들어가지 않고 좌측으로 돌아 방어선을 구축하기로 되어 있었다.

그러나 제5기갑군과 마찬가지로 이 계획들 또한 상당히 애매모호하고 상호모순적인 요소들을 포함하고 있었다. 계획에 따르면, 양 군단은 메르쉬(Mersch)에서 제딘(Gedinne)에 걸쳐 단단한 방어선을 구축하는 동시에 남쪽의 스무아(Semois) 강으로 기동부대를 파견하여 미군의 도하작전을 저지해야 했다. 그러나 앞서 설명했듯이 제7군에는 기동성 있는 부대가 매우 부족한 상황이었고, 스무아 강 유역은 대부분이 독일의 방어선에서 남쪽으로 6마일(10킬로미터) 이상이나 떨어져 있었다. 이런 여건을 감안하자면, 그런 작전목표는 결코 쉽게 달성할 수 있는 성질의 것이 아니었다.

히틀러는 독일공군(Luftwaffe)이 가지고 있던 자원의 상당부분을 아르덴 작전 지원에 투입했다. 이에 따라 연합군의 전략폭격을 방어하는 임무를 수행하고 있던 다수의 전투기 부대들이 지상전의 전술지원 임무로 돌려졌다. 그 결과 독일공군 서부전선사령부 예하 전투기 수는, 1944년 10월에 고작 300대의 단좌전투기에 불과했던 것이 공세 직전에는 1,770대까지 증가했다. 그러나 그중에서 지상전에 실제적인 영향을 줄 수 있는 지상공격기는 155대에 불과했다. 따라서 단순한 숫자의 증가가 독일육군에게 그리 큰 도움이 된 것은 아니었다.

게다가 독일의 전투기 조종사들은 연합군 조종사들에 비해 훈련이 크게 부족했다. 그나마 대부분의 훈련도 공중전이나 지상목표에 대한 기총소사보다는, 지상관제를 받으면서 연합군의 전략폭격기를 요격하는 임무에 초점이 맞춰져 있었다. '보덴플라테(Bodenplatte, '쟁반'이라는 뜻—옮긴이) 작전'이라는 암호명이 부여된 독일의 항공작전은 연합군의 전방 공군기지에 대한 대규모 공습으로 시작될 계획이었다. 그러나 정작 아르덴 공세가 개시되었을 때 독일공군은 악천후로 인해 제대로 작전을 펼칠 수 없었다. 결국 새해가 되고서야 보덴플라테 작전이 실시되었지만, 그 무렵 이런 공

B집단군 사령관 발터 모델 원수(왼쪽)가 독일 서부전선군 사령관 게르트 폰 룬트슈테트(Gerd von Rundstedt) 원수(가운데), 한스 크렙스(Hans Krebs) 참모장과 함께 아르덴 공세를 계획하고 있다.

격은 이미 아무런 의미도 없는 발버둥일 뿐이었다. 이 외에도 아르덴 공세에서는 Me-262제트전투기의 폭격기형 모델과 처녀출전한 Ar-234제트폭격기, 그리고 대량의 V-1폭명탄 등 독일군의 '비밀병기'들이 다수 사용되었다.

12월 중순 아르덴 지역은, 낮에는 비가 자주 내리고 안개가 끼면서 영상의 기온을 유지했다가 밤에는 영하로 떨어졌다. 특히 햇빛이 잘 닿지 않는 삼림지대나 구릉지대는 온도가 더 떨어지는 경향을 보였다. 독일군의 입장에서 이렇게 짙은 구름과 안개는 연합군의 공습을 막아주는 고마운 존재였으며, 독일군의 아이펠(Eifel) 지역 집결을 숨겨주는 역할까지 해주었다.

그러나 공세가 시작되자, 이런 날씨가 꼭 유리한 것만은 아니라는 사실을 독일군도 절실히 깨닫게 되었다. 습한 가을 기후와 차가운 보슬비는 아르덴 지역의 모든 농경지를 궤도차량조차 제대로 통과할 수 없는 진창으로 바꾸어버렸고, 독일군은 이동을 위해 도로에 목을 맬 수밖에 없었다.

도로를 따라 전진할 수밖에 없다보니 도로변의 모든 소규모 촌락과 도로 교차점을 일일이 공격하여 확보해야만 했으며, 이는 전체 작전일정에 매우 큰 차질을 야기했다. 속도에 모든 것이 걸려있는 작전에서, 아르덴 지역의 기후는 어떻게 보더라도 절대 이상적인 기후는 아니었다.

## :: 미군의 계획

1941년 12월 현재, 오마 브래들리(Omar Bradley) 중장의 제12집단군(12th Army Group)은 3개 군을 보유하고 있었다. 북쪽에서 남쪽으로 윌리엄 심슨(William H. Simpson) 중장의 제9군, 코트니 하지스(Courtney Hodges) 중장의 제1군, 조지 패튼(George S. Patton) 중장의 제3군 순으로 배치되었는데, 이들은 네덜란드로부터 독일-벨기에 국경에 걸쳐 룩셈부르크를 지나 자르 인근의 독일 국경지대를 담당하고 있었다. 또한 이들은 자르에서 제이콥 데버(Jacob Dever) 중장의 제6집단군과 연결되어 있었다.

11월 말에서 12월 초에 걸친 작전활동은 전선의 남단과 북단지역에 집중되어 있었고, 구릉과 삼림지대로 이루어져 작전활동이 어려웠던 중부의 아르덴 지역은 상대적으로 조용한 상태를 유지했다. 북쪽의 제1군과 제9군 지역에서 벌어진 작전활동의 주요목표는 로어(Roer) 강으로의 진출이었다. 로어 강은 라인 강 진출과 도하를 위해서는 꼭 확보해야 할 목표였다. 악몽 같은 휘르트겐(Hürtgen) 숲에서 처절한 혈투를 벌인 끝에, 제1군은 12월 초에 겨우 로어 강의 댐까지 진출할 수 있었다.

당시 너무나 조용해서 '유령 전선(ghost front)'으로 불리던 아르덴 지역을 담당하고 있던 부대는 트로이 미들턴(Troy Middleton) 중장의 제8군단이었다. 미군 지휘관들은 고(高)아르덴(High Ardennes) 지역에서 동계작전을 벌이기 힘들다고 보았고, 따라서 이 지역의 방어에는 겨우 4, 5개 사단을 배치했을 뿐이었다. 북쪽에 배치됐던 제99보병사단과 제106보병사단은 미 본토에서 막 도착한 신참 사단들로서 전선 적응을 위해 비교적 조용한 아르덴 지역에 배치되었다. 그보다 더 남쪽의 생비트에서 바스토뉴에 이르는 지역을 지키고 있던 제28보병사단 및 제4보병사단은, 비록 역전(歷戰)의 고참 사단들이긴 했지만 휘르트겐 숲에서 혈전을 치르면서 막대한 손실을 입은 후 휴양과 재편성을 위해 아르덴 지역에 배치되었다. 신참 사단인 제9기갑사단의 일부 부대들 또한 아르덴 지역에 배치되어 있었다.

그보다 더 남쪽으로 내려가면 룩셈부르크에서 프랑스, 독일의 자르에 이르는 지역에 걸쳐 '지그프리트 선(서부방벽)'을 마주보고 패튼의 제3군이 배치되어 있었다. 패튼의 부대는 11월부터 독-불 국경선의 습지대에서 지속적으로 전투를 벌였다. 그러나 '구(舊)마지노 선(Maginot Line)'을 돌파하자 이번에는 지그프리트 선이 앞을 가로막았고, 결국 패튼도 12월 초가 되도록 공격에 있어 별다른 성과를 거두지 못하고 있었다. 12월 중순에야 마침내 지그프리트 선에 약간의 틈을 만들어낸 제3군은, 이를 발판 삼아 독일의 요새화된 방어선을 뚫고 프랑크푸르트(Frankfurt)로 진격할 대규모 공세작전을 준비중이었다. '팅크(Tink) 작전'이라고 명명된 이 공세는 1944년 12월에 미군이 전개하게 될 최대의 공격작전이었다. 팅크 작전의 개시는 원래 12월 19일로 예정되었으나 이후 12월 21일로 연기되었다.

1944년 12월 7일, 아이젠하워는 마스트리히트(Maastricht)에서 두 명의 집단군 지휘관 브래들리 및 몽고메리와 함께 참석한 회의에서 차후 작전 방향에 대해 논의했다. 몽고메리는 1945년의 연합군의 공세작전이 "제21집단군을 선봉으로 루르(Ruhr) 지역을 향해 북독일의 평원지대를 단숨에 뚫고 들어가는 식으로 이루어져야 한다"는 종래의 주장을 다시 한 번 반복했다. 그러나 아이젠하워 역시 예전과 마찬가지로 몽고메리의 의견에 반대하면서 "12월 하순에 예정된 패튼의 프랑크푸르트 방면 공격을 위시하여 보다 폭넓은 전선에 걸친 동시다발적 공세전략이 주효할 것"이라는 입장을 재확인했다.

결국 이 회의에서는 차후 연합군의 공격작전에 대한 어떠한 구체적인 일정도 확정되지 못했다. 어차피 연합군으로서는 차후 라인 강 진출작전을 펼치기 위해서라도 현재 확보한 발판을 좀더 굳건히 할 필요가 있었기 때문에 굳이 다음 공세를 서두를 이유가 없었고, 따라서 패튼의 팅크 작전에 크게 주의를 기울인 연합군 지휘관도 거의 없었다. 당시 회의 참가자들 다수는 이 작전이 지난 11월에 제1군이 돌파를 시도하다 실패했던 '퀸(Queen) 작전'보다도 성공가능성이 별로 높지 않다고 생각했다. 이 회의에서는 독일 제6기갑군의 문제도 논의되었지만, 연합군 지휘부는 이 부대가 연합군의 라인 강 도하작전에 대한 반격부대의 임무를 띠고 쾰른(Köln) 인근에 주둔하고 있는 것으로 판단했다.

대부분의 고위 연합군 지휘부는 아르덴 지역에서 독일군의 대공세가 벌어질 것이라는 사실을 예측하지 못했지만, 그렇지 않은 지휘관도 있었다. 그 가운데 가장 주목할 만한 예가 바로 패튼이 지휘하는 제3군의 G-2 정보참모였던 오스카 코흐(Oscar Koch) 대령이었다. 12월 7일 패튼에게 팅크 작전 준비에 대한 브리핑을 실시하면서 코흐 대령은 "제1군 정면의 아르덴 지역에 독일군이 대규모로 집결하고 있다"는 사실과 "이런 움직임이 차후 제3군의 자르 작전에 위협을 줄 가능성이 있다"는 점을 자세히 설명했다. 이에 패튼은 "조용한 개가 더 잘 문다"는 속담을 상기하며 이러한 독일군의 움직임에 대해 우려하게 되었다.

12월 초에 제3군은 자르 지역 공격에서 상당한 진전을 이루어냈지만, 이상하게도 항상 격렬하게 반격하던 독일군이 이번만은 별다른 움직임을 보이지 않고 있었다. 그렇다고 독일 국경지대에 반격에 사용할 수 있는 독일군 병력이 없는 것도 아니었다. 이에 패튼은 독일군이 뭔가 다른 목적을 위해 병력을 아껴두고 있다고 확신하게 되었다. 패튼은 이와 같은 현황평가 보고서를 아이젠하워 총사령부의 G-2정보부에 넘겼고, 아이젠하워의 정보참모장 케네스 스트롱(Kenneth Strong) 장군은 이 문제를 다시 브래들리의 정보부에 알렸다. 그러나 브래들리의 정보부는 이를 대수롭지 않게 취급했다. 브래들리와 제1군 참모들은, 겨울에 아르덴 지역에서 공세작전을 벌인다는 것은 무모한 짓이므로 이 지역에 집결한 독일군은 어떤 선제 공격작전을 위해서가 아니라 1945년 초 연합군이 라인 강을 향해 치고 나올 때를 대비한 반격부대라고 판단했던 것이다.

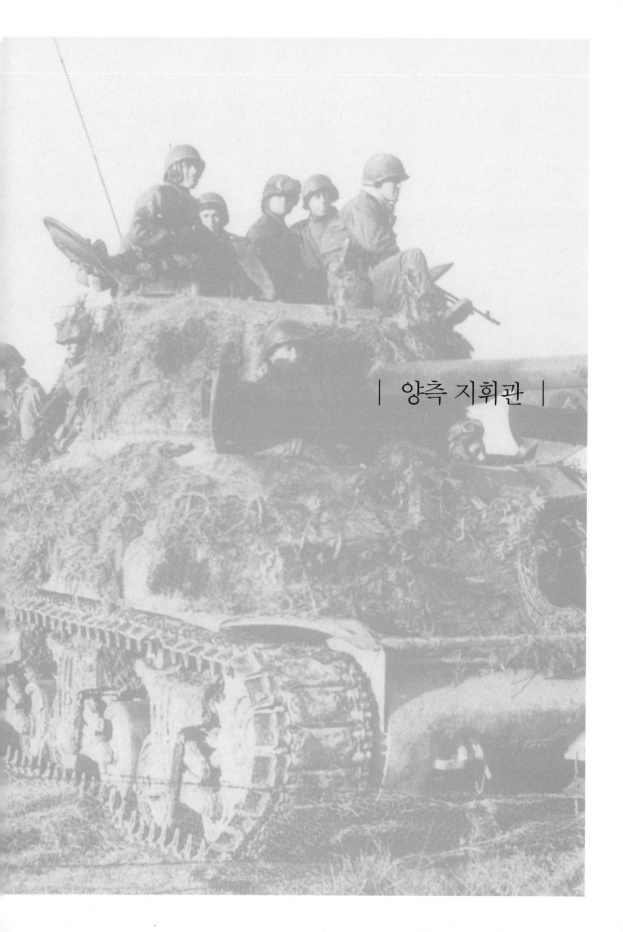

| 양측 지휘관 |

## :: 독일군 지휘관

서부전선 독일군의 총사령관은 게르트 폰 룬트슈테트(Gerd von Rundstedt) 원수였고, 아르덴 지역을 담당한 B집단군의 총사령관은 발터 모델(Walter Model) 원수였다. 이들 최고 지휘관들에 대해서는 『벌지 전투 1944(1)—생 비트, 히틀러의 마지막 도박』에 보다 자세히 기술되어 있다. 북부지역의 디트리히 제6기갑군 사령관과는 달리, 아르덴 남부지역의 공세작전을 담당한 하소 폰 만토이펠 제5기갑군 사령관과 에리히 브란덴베르거(Erich Brandenberger) 제7군 사령관은 육군 소속이었다.

만토이펠 기갑대장은 아르덴 작전에 참가한 독일육군 지휘관들 가운데 가장 유능한 지휘관이었다. 그는 키가 155센티미터밖에 되지 않는 단구였기 때문에 가까운 친구들로부터 "난장이(Kleiner)"라는 별명으로 불리기도 했지만, 매우 정력적이고 지적인 장교였다.

아르덴의 독일 제7군 사령관 에리히 브란덴베르거 기갑대장.

만토이펠은 제1차 세계대전에도 참전하여 1916년 서부전선에서 부상을 당하기도 했고, 1930년대에는 하인츠 구데리안(Heinz Guderian) 장군의 막료로서 젊은 기갑부대 신봉자의 대표적 인물이 되기도 했다. 북아프리카에서 연대장으로 인상적인 지휘를 보여주었던 만토이펠은 이후 명문 그로스도이칠란트사단(Grossdeutschland Division)의 사단장으로 영전하여 러시아 전선에서 싸웠다. 히틀러는 만토이펠에게 개인적으로 큰 관심을 가지고 있었고, 히틀러의 총애와 더불어 지휘관으로서 탁월한 능력을 인정받은 만토이펠은 군단장 자리를 거치지도 않고 사단장에서 바로 제5기갑군의 사령관이 되었다. 만토이펠은 이웃의 제6기갑군 사령관 제프 디트리히 친위대장처럼 정치군인은 아니었지만, 오로지 자신의 실력과 눈부신 전공으로 히틀러의 인정을 받았던 것이다.

에리히 브란덴베르거 기갑대장 역시 유능한 지휘관이었지만, 그의 지휘 스타일은 히틀러나 모델의 총애를 받지 못했다. B집단군 사령관인 발터 모델은 성실하고 학자풍인 브란덴베르거보다는 번뜩이는 재치를 지닌 만토이펠을 선호했으며, 브란덴베르거를 두고 "독일군 일반참모 시스템이 낳은 표준생산물"이라며 놀리기도 했다. 그러나 브란덴베르거 역시 1941년의 러시아에서 제8기갑사단을 이끌고 훌륭한 전과를 거둔 유능한 군인이었다. 아르덴 공세에서 제7군의 지휘를 맡기 전에 브란덴베르거는 러시아에서 제29군을 지휘하고 있었다.

만토이펠 휘하의 군단장들은 전부 예외없이 러시아 전선에서 잔뼈가 굵은 역전의 장군들이었다. 이들은 모두 젊은 대대장이나 연대장으로 제2차 세계대전을 시작했으며, 러시아 전선에서 혹독한 전투를 치르면서 사

하소 폰 만토이펠 제5기갑군 사령관(왼쪽)이 B집단군 사령관 발터 모델 원수(오른쪽), 서부전선 기갑부대 총감 호르스트 슈툼프(Horst Stumpf) 중장(중앙)과 담소하고 있다.

제47기갑군단장 하인리히 폰 뤼트비츠(Heinrich von Lüttwitz) 기갑대장.

제2친위기갑군단장 빌리 비트리히(Willi Bittrich) 친위대장.

단장이 되었다.

발터 루흐트(Walther Lucht) 포병대장은 1939년 폴란드에서 제2차 세계대전의 포문이 열렸을 당시 포병연대장이었고, 1940년 프랑스 전역(戰域)이 시작될 무렵에는 군단 포병사령관까지 승진했다. 러시아 전역에서는 먼저 군 포병사령관으로 승진했다가 1942년 2월에 제87보병사단의 사단장이 되었고, 3월에는 제336보병사단을 이끌고 스탈린그라드에서 포위된 파울루스의 제6군 구출작전에 참가하기도 했다. 1943년 여름과 가을 동안에는 케르치(Kerch) 해협 지구사령관을 맡았으며, 1943년 11월 제66군단장직을 맡아 남부 비시(Vichy)프랑스 지역에 대한 점령임무에 종사했다.

발터 크뤼거(Walter Krüger) 기갑대장은 보병연대장으로 전쟁을 맞았고, 이후 1940년 프랑스 전역에서는 제1기갑사단 예하의 여단장직을 맡았다. 이후 러시아 침공이 한창이던 1941년 7월에 동사단의 사단장이 되었다. 그는 전쟁기간 대부분을 제1기갑사단장으로 싸웠으며, 1944년 2월에 제58기갑군단장을 맡아 노르망디 상륙작전 이후 프랑스에서 연합군과 싸웠다.

하인리히 폰 뤼트비츠(Heinrich von Lüttwitz) 기갑대장은, (할리우드가 그려낸) 우스꽝스러운 모습에 뚱뚱하고 외눈안경을 낀 오만한 독일장군의 전형적인 이미지에 딱 들어맞는 외모를 하고 있었다. 그러나 뤼트비츠 역시 역전의 기갑부대 지휘관으로서 오

토바이대대장으로 전쟁을 시작하여 프랑스 전역이 끝난 후에는 연대장이
되었고, 1942년 10월에는 제20기갑사단의 사단장직을 맡아 러시아 전선
에서 격전을 벌였다. 1944년 2월에 제2기갑사단장이 된 그는 8월 말까지
프랑스에서 연합군과 싸우고 난 뒤 군단장으로 승진했다. 제2기갑사단은
아르덴 공세 기간에 뤼트비츠 군단의 선봉으로 싸웠는데, 뤼트비츠는 제2
기갑사단에 특별한 관심을 보였다. 이는 뤼트비츠가 제2기갑사단장을 지
냈기 때문이기도 하지만, 공세 개시 전날에 사단장으로 부임한 마인라트
폰 라우헤르트(Meinrad von Lauchert) 대령의 능력을 뤼트비츠가 못미더워
했기 때문이기도 했다.

브란덴베르거의 제7군 소속 군단장들 역시 동부전선에서 산전수전 다
겪은 노련한 군인들이었다. 특히 그 가운데 두 명은 1944년 여름 동부전
선의 소련군 대공세가 빚어낸 아비규환에서 살아남은 이들이었다.

밥티스트 크나이스(Baptist Kneiss) 보병대장은 제215보병사단의 지휘

프리츠 바이어라인(Fritz Bayerlein) 중장. 북
아프리카에서 롬멜의 부관이기도 했던 그는
아르덴에서 교도기갑사단의 지휘를 맡았다.

관으로 전쟁을 시작하여 프랑스 전역 초기와 북부 러시아에서 동 사단을 이끌었다. 1942년 11월에 크나이스는 제66군단장으로 승진하여 남프랑스 지역의 점령 임무에 종사했고, 1944년 7월에는 제85군단을 맡아 역시 남프랑스 지역에서 연합군과 싸웠다.

보병연대장으로 전쟁을 시작한 프란츠 바이어(Franz Beyer) 보병대장은 1941년 말에 당시 오스트리아에서 훈련중이던 제331보병사단의 사단장으로 승진했다. 바이어는 동 사단의 사단장으로 동부전선에서 싸웠고, 1943년 3월에는 스탈린그라드에서 전멸해버린 모(母)사단의 단대호(單隊號)를 이어받은 신편 제44보병사단장직을 맡았다. 제44보병사단은 이후 이탈리아에 배치되었다. 1944년 4월 하순, 바이어에게 동부전선의 군단장직이 주어졌다. 그해 여름 동안 계속된 격전에서 그는 4개 군단의 군단장직을 짤막짤막하게 돌아가며 맡다가 마지막으로 1944년 7월~8월에 벌어진 처절한 크리미아 전투에 참가했다. 1944년 8월 초, 바이어는 제80군단의 사령관으로 임명되었다.

## : : 미군 지휘관

아르덴 지역은 오마 브래들리 중장(Omar Bradley)의 제12집단군이 관할하는 전선의 일부였다. 코트니 하지스(Courtney H. Hodges) 중장이 지휘하던 제12집단군 예하 제1군은, 북쪽으로는 휘르트겐 숲에서 남쪽으로는 프랑스-룩셈부르크 국경에 이르는 지역을 담당하고 있었다. 이는 당시 그 어떤 연합군 부대의 담당구역보다도 넓은 전선이었다.

브래들리나 패튼보다 연장자였던 하지스는 1904년에 웨스트포인트 미

**위** 바스토뉴 지구에서 제8 군단을 지휘했던 트로이 미들턴 소장이 1944년 가을 생비트에서 아이젠하워 장군과 담소를 나누는 모습.

**아래** 아이크(Ike, 아이젠하워)가 노만 코타(Norman Cota) 소장과 이야기하고 있다. 코타 소장은 오마하 비치(Omaha Beach)의 영웅이자 나중에 휘르트겐 숲 전투와 아르덴 공세에서 제28보병사단 '키스톤(Keystone)' 을 지휘했다.

1944년 12월 29일, 조지 패튼 장군이 바스토뉴에서 앤소니 맥컬리프 (Anthony McAuliffe) 준장에게 수훈십자장을 수여하고 있다. 공교롭게도 제101공수사단 '울부짖는 독수리(Screaming Eagles, 맥컬리프 준장의 좌측 소매 상단의 '울부짖는 독수리' 부대마크에 주의).'의 사단장 맥스웰 테일러(Maxwell Taylor) 소장이 워싱턴으로 가서 자리를 비운 사이에 벌 지 전투가 벌어지자, 맥컬리프 준장은 임시로 사단의 지휘를 맡게 되었다.

육군사관학교를 중퇴한 후 졸병으로 재입대해 군단장까지 오른 입지전적 인물이었다. 그는 멕시코 산적 토벌 군으로 첫전투를 경험하였으며, 제1 차 세계대전의 막바지였던 1918년 에 제6연대 소속으로 싸우면서 수훈 십자장(Distinguished Service Cross)를 수여받았다. 1941년 당시 하지스는 육군 보병부장(Chief of the Infantry) 직을 맡고 있었고, 1944년 노르망디 에서는 부사령관으로서 제1군 사령 관 브래들리를 보좌했다. 동년 8월, 프랑스 주둔 미군 규모가 확대되면 서 제12집단군 사령관으로 영전한 브래들리의 뒤를 이어 하지스는 제1 군의 지휘를 맡았다.

하지스는 남쪽에 이웃해 있던 조 지 패튼과는 여러모로 정반대의 성 격을 지닌 사람이었다. 완고하고 무 뚝뚝하며 나서지 않는 성격이었던 그는, 1944년 가을에 벌어진 대부분 의 전투에서 브래들리의 그림자에 가려 별다른 주목을 받지 못했다. 아 닌 게 아니라 결단력이 부족하여 참모장 윌리엄 킨(William Kean) 소장의 영향을 지나치게 많이 받는다는 평판도 있었지만, 사실 브래들리와 아이 젠하워는 둘 다 하지스를 매우 유능한 지휘관으로 생각하고 있었다.

**위** 바스토뉴 북서부의 미 제1군 예하대의 지휘권을 인수한 몽고메리는, 로튼 콜린스(J. Lawton Collins, 좌측) 소장이 지휘하던 제7군단과 매튜 리지웨이(Matthew Ridgway, 우측) 소장의 제18공수군단으로 이루어진 반격부대의 지휘권을 쥐게 되었다. 1944년 12월 26일, 제7군단 사령부에서 몽고메리와 콜린스, 리지웨이가 함께한 모습.

**아래** 미 제2기갑사단 사령관 어네스트 하몬(Ernest Harmon) 소장. 하몬 소장은 제7군단 사령관 '번개조' 콜린스("Lightening Joe" Collins)와는 사관학교 동기였다.

그러나 아르덴 공세 초기 며칠 동안 하지스가 보여준 모습은 이해하기 힘든 것이었다. 독일군의 최초 공격이 시작된 12월 16일에는 하지스도 활발하게 대응계획을 세우는 모습을 보여주었지만, 다음날인 12월 17일에는 거의 하루종일 사령부에 나타나지 않았다. 그의 참모장인 킨 소장은 "하지스 장군이 바이러스성 급성폐렴으로 침대에 누워 있을 수밖에 없는 상황"이라고 설명했다. 또다른 참모는 그가 신경쇠약에 걸렸다고 이야기 하기도 했다. 어쨌든 하지스가 회복될 때까지 제1군은 실질적으로 킨 소장의 지휘를 받으며 싸울 수밖에 없었다.

아르덴 지역의 남측을 담당한 것은 제8군단이었다. 제8군단장 트로이 미들턴(Troy H. Middleton) 소장은 비슷한 계급의 독일장성들보다 10살 정도 더 나이가 많았다. 그는 보병연대장으로 제1차 세계대전에 참전하기도 했다. 나중에 미 육군참모총장이 된 조지 마셜(George Marshall)은, 제1차 세계대전 당시의 미들턴의 인사파일에 "이 친구는 프랑스 전선에서 가장 훌륭한 보병연대장이었다"고 썼다. 1939년에 퇴역한 미들턴은 루이지애나 주립대학의 총장을 지내기도 했다. 제2차 세계대전이 발발하자, 그는 다시 군문에 돌아와 시실리와 이탈리아에서 제45사단을 이끌고 독일군과 싸웠다. 이탈리아 전역에서 무릎 관절 문제로 거의 퇴역 직전까지 가기도 했으나, 유능한 지휘관으로 존경받던 미들턴은 계속 군문에 남아 있을 수 있었다. 당시 아이젠하워는 "만약 미들턴이 다리가 아파 움직일 수 없다면 우리는 그를 들것에 싣고서라도 전장에 나갈 것"이라고 농담을 하기도 했다.

1944년 여름 동안 미들턴은 제8군단을 이끌고 프랑스에서 전투를 벌였다. 1944년 12월 독일군의 아르덴 공세 직전, 제8군단은 생비트로부터 남쪽으로 룩셈부르크에 이르는 지역을 방어하는 한편 프랑스-독일-룩셈부르크 국경이 맞닿는 지점에서 패튼의 제3군과 북쪽 연합군의 접점 역할을 수행하고 있었다.

| 양측 전력 |

## :: 독일군 부대

1944년 말의 독일군은, 1939년~1941년 유럽 대륙의 대부분을 정복했던 세계최강의 군대였다고는 믿을 수 없을 정도로 초라한 모습을 하고 있었다. 물론 4년간에 걸친 동부전선의 혈전으로 빈사지경에 이르렀다고 해도 독일군은 여전히 무시할 수 없는 전력을 보유하고 있었다. 특히 독일 본토 방어에 있어서는 집요할 정도로 저항을 계속했다. 독일군의 약점은 오히려 공세작전에서 두드러졌다. 아르덴 대공세에서 독일군은 부진한 기계화, 취약한 보급, 연료부족, 공세적인 항공전력의 부족 등의 문제들 때문

사진에 보이는 것처럼, 아르덴 공세에 참가한 독일군 기갑부대는 다양한 차종이 혼성편제되어 있었다. 중앙의 4호 전차(Pzkpfw IV) 외에도 우측 뒤편에 판터G 후기형 모델이 보인다. 앞쪽의 차량은 단포신 75밀리미터포를 장착한 SdKfz251/9로서 독일육군의 표준 반궤도장갑차량에 단포신 포를 장착한 것이다. 이 차량은 기갑척탄병들에게 화력지원을 제공하기 위해 제작되었다.

에 그나마 남아 있는 전투력도 100퍼센트 발휘할 수 없었다.

장기간에 걸친 전쟁과 계속되는 패배로 독일군의 인적자원은 점점 고갈되고 있었지만, 히틀러는 이를 무시하고 대규모 부대편성을 고집했다. 그 결과, 전쟁이 진행될수록 독일 보병사단들의 서류상 편제와 실제 전력 사이의 간극은 더욱 커져갔다. 서류상으로는 아무리 사단 수가 많아도 대부분은 정원도 채우지 못한 경우가 부지기수였다. 특히 1944년 여름 동부 전선에서 괴멸적 타격을 입은 독일육군은 인력부족이 극에 달해 있었고, 따라서 신규사단을 편성하려면 남아 있는 인적자원을 말 그대로 '바닥까지 닥닥 긁어' 쓸 수밖에 없었다. 공군과 해군 소속의 지상요원들을 끌어오는 경우는 그래도 나은 편이었으며, 독일군은 아직 솜털이 보송보송한 소년들과 노인들, 심지어는 건강상의 이유로 군역을 면제받은 병약자들까지 모조리 징집하여 제대로 훈련도 시키지 않은 채 '국민척탄병사단(Volks-grenadier Division)'으로 편입시켰다.

이들 척탄병사단의 (예컨대 야포 같은) 중장비에는 노획된 장비들과 독

1945년 1월 17일 뤼트르부아(Lutrebois) 인근에서 미 제35사단에게 노획된 105 밀리미터곡사포. 이런 105 밀리미터곡사포들은 독일 야포대의 '머슴(work-horse)'과 같은 존재였다. 사진 속의 105밀리미터곡사포는 경량의 Pak40대전차포의 포가를 사용한 leFH18의 개량형 leFH18/40. (NARA)

일군의 표준장비들이 마구 뒤섞여 있었다. 게다가 아르덴 공세에 참가한 척탄병사단들 중에는 1944년 가을의 격전에 참가했다가 공세 개시 몇 주전, 심하면 며칠 전에야 전투에서 빠져나온 부대들도 있었다. 따라서 이들은 휴식을 취하고 부대를 재편성할 여유도 없이 곧바로 벌지 전투에 투입되었던 것이다.

아르덴 공세의 계획단계에서 브란덴베르거 제7군 사령관은 제7군 우익의 공격을 선도하기 위해 1개 기갑사단 혹은 기갑척탄병사단과 6개 척탄병사단을 요구했다. 그러나 아르덴 남부지역은 전력배정에 있어 우선순위가 많이 떨어지는 지역이었고, 결국 브란덴베르거 휘하에 배치된 병력은 겨우 4개 척탄병사단에 불과했다.

7군 우익의 공격임무는 제5팔쉬름얘거사단(5th Fallschirmjäger Division)에 부여되었다. 하지만 이 부대 역시 1944년 후반 서부전선에서 큰 타격을 입었다가 제대로 된 훈련도 받지 못한 공군의 잉여인력을 차출하여 막 재건된 사단이었다. 낙담한 브란덴베르거는 이 사단에 대해 "훈련정도와 지위고하를 막론하고 장교들 대부분의 자질이 너무나 부족하다"고 불평했다. 뿐만 아니라 팔쉬름얘거사단의 고위장교들은 공수부대라는 자존심이 너무 강해서 가끔씩 신참 사단장의 명령을 무시하는 경향을 보이기도 했다. 그러나 이런 여러가지 문제점에도 불구하고 제5팔쉬름얘거사단은 제7군 예하대 중에서 최대규모의 부대였고, 돌격포 1개 대대를 비롯하여 중화기도 가장 잘 갖춘 부대였으므로 브란덴베르거로서는 이 사단에 주요 공격임무를 할당할 수밖에 없었다.

제352국민척탄병사단은 노르망디의 오마하비치로 상륙하는 미군에게 뜨거운 환영식을 해주었던 제352보병사단의 후신(後身)이었다. 그러나 이부대 역시 가을 동안 지그프리트 선에서 미군과 격전을 벌이는 동안 큰 타격을 입은 상태였다. 어찌어찌해서 공세 개시 시점까지 사단의 정규편성 인원수는 채웠지만, 여전히 부사관 숫자는 인가된 정원보다 25퍼센트나

부족한 상태였다.

제212국민척탄병사단 또한 1944년 리투아니아(Lithuania)에서 소련의 대규모 하계공세에 박살이 난 부대를 아르덴 공세 직전에 바바리아(Bavaria)에서 재건한 부대였다. 이 사단은 그나마 다른 국민척탄병사단들에 비하면 제대로 된 전력을 갖춘 편이었기 때문에 브란덴베르거는 이 사단을 자신의 예하대 가운데 최정예부대로 평가했다. 한편, 제276국민척탄병사단은 1944년 8월 프랑스의 팔레즈(Falaise) 포위전에서 전멸당한 부대를 재건한 사단이었다.

만토이펠의 제5기갑군은 제7군보다 더 중요한 임무를 맡았고, 따라서 배치된 부대들의 규모나 질도 훨씬 나았다. 제18국민척탄병사단은 제18공군야전사단(18th Luftwaffe Field Division)의 잔존병력과 해군의 잉여인력, 동부전선에서 산산조각난 육군부대들의 잔존병력들을 끌어모아 1944년 9월에 편성되었다. 이 부대는 11월 트리어(Trier) 인근에서 실전에 투입되었으며 12월 초에는 로어 강으로 진출하기 위해 발버둥치던 미 제5군과 맞서 싸웠다. 아르덴 공세 직전, 후방으로 빠진 제18국민척탄병사단은 급히 병력보충을 받고 편성정원을 채울 수 있었다.

제62국민척탄병사단 역시 1944년 여름 동부전선에서 박살난 부대에 제583국민척탄병사단의 신병들을 끌어와서 재건한 사단이었다. 제62국민척탄병사단은 아르덴 공세 직전에 거의 편성정원을 확보했지만, 정작 만토이펠은 이 급조 사단이 공격작전에는 써먹을 수 없는 부대라고 생각했다.

제5기갑군에는 2개 기갑군단, 즉 제47, 58기갑군단이 배치되었으나, 제58기갑군단은 제47기갑군단에 비해 상대적으로 전력이 떨어지는 편이었다. 제560국민척탄병사단은 노르웨이와 덴마크에서 놀고 있던 공군의 인력을 끌어모아 1944년 8월에 편성한 부대로, 처음에는 노르웨이 남부에 배치되었다. 이 부대는 공세 개시 당시 완전편성에 가까운 상태였으나 실전경험은 전혀 없었다.

제116기갑사단은 여름부터 서부전선에서 싸워왔는데, 그 과정에서 전멸과 재건을 반복했다. 아헨(Aachen) 방어전 초기에 잠깐 전투에 참가했던 이 부대는, 초가을에 다시 후방으로 빠져 재편성에 들어갔다가 아르덴 공세 개시 당시에는 겨우 완전편성에 가까울 정도로 회복되었다. 하지만 전차 수는 많이 부족해서 겨우 26대의 4호전차와 43대의 5호전차 판터, 13대의 4호구축전차(Jagdpanzer IV)를 보유했을 뿐이었다. 당시 규정대로라면, 완편된 독일의 1개 기갑사단은 4호전차 32대, 5호전차 판터 60대, 그리고 3호돌격포(StuG III) 51대를 보유해야 했다. 1944년 12월 중순, 비록 완전편성 전차 정수를 채우지 못했지만 만토이펠은 휘하의 3개 기갑사

독일 포병대의 간판 화포였던 Schw/FH18 15센티미터중(重)곡사포. 이 포는 독일군 보병사단의 중포대대들이 사용했다.

미군 야포대의 '머슴'은 M2A1 105밀리미터곡사포였다. 사진은 벌지 전투 이후 제90보병사단 915야포대대 소속으로 포격중인 M2A1 105밀리미터곡사포의 모습.

단(제2기갑, 제116기갑, 교도기갑)들이 "공격작전을 수행할 충분한 능력을 가지고 있다"고 생각했다.

뤼트비츠의 제47기갑군단은 만토이펠의 제5기갑군 가운데 최강의 전력을 보유하고 있었다. 한편 제26국민척탄병사단은, 폴란드의 바라노프(Baranow) 전선에서 소련군에게 전멸당한 제26사단을 제582국민척탄병사단의 병력을 기간으로 해군 및 공군의 잉여인력을 동원하여 1944년 9월에 재건한 부대였다. 제2기갑사단 역시 팔레즈 포위전에서 전멸당했으나 1944년 가을 아이펠(Eifel) 지역에서 재건되었다. 제2기갑사단은 그나마 제116기갑사단보다는 상태가 조금 나은 편이어서 4호전차 26대, 5호전차

판터 49대, 3호돌격포 45대를 보유하고 있었다.

　　노르망디에서 격전을 치르며 큰 피해를 입은 상태에서 생로(St Lô) 지역에서 돌파해나오는 미군에게 전멸당했던 교도기갑사단은 다시 재건되어 자르 지역에서 패튼의 미 제3군과 맞서 싸우다가 아르덴 공세 개시 직전에야 전선에서 물러나와 재편성에 들어갔다. 덕분에 공세 개시 당시의 병력은 완편에 가깝게 확충이 되었지만, 전차의 보충은 제대로 이루어지지 않아 겨우 30대의 4호전차와 23대의 5호전차 판터, 14대의 4호구축전차만을 보유하고 있었다. 그래도 예비대였던 총통경호여단(Führer Begleit Brigade)은 4호전차 23대, 3호돌격포 20대 등 비교적 충실한 장비와 완편에 가까운 병력을 보유하고 있었다.

　　아르덴 공세 당시 독일군 포병대는 수적으로 별 문제가 없었지만 기계화가 거의 되지 않은 데다 탄약보급도 원활치 않았다. 1939년 9월 폴란드 침공 당시와 비교했을 때, 1944년 11월의 독일군은 150밀리미터포 탄약은 3분의 1 정도, 105밀리미터포 탄약은 겨우 절반을 보유하고 있었다. 게다가 기계화되지 못한 견인포들은 기갑부대의 진격속도를 따라갈 수가 없었다. 결국 진격하던 독일군단들은 공세가 시작된 지 며칠만에 견인포의 거의 절반을 후방에 버려두고 나아갈 수밖에 없었다.

## :: 미군 부대

한 미군 장교는 아르덴 지역을 두고 미 육군의 "유치원이자 양로원"이라고 묘사했다. 이 지역에 배치된 부대들은 대부분 미 본토에서 갓 도착한 신참 부대이거나, 아니면 풍부한 전투경험을 가지고 있되 격전을 치르면서 큰 피해를 입고 휴양을 취하는 부대들이었기 때문이었다.

　　제8군단에는 3개 보병사단과 제9기갑사단 예하 3개 전투단 가운데 2개 전투단이 배치되어 있었다. 최북단에 배치된 제106보병사단에 대해서는

『벌지 전투 1944(1)—생비트, 히틀러의 마지막 도박』에서 자세히 다룬 바 있다.

　　제28보병사단은 북으로는 벨기에-룩셈부르크-독일 국경이 만나는 지역으로부터 남으로는 룩셈부르크 국경을 따라 전개되었고, 이는 독일 제5기갑군의 공격예정지역이기도 했다. 제28사단은 펜실베니아 주(州)방위군사단(Pennsylvania National Guard Division)을 근간으로 편성되었으며, 오마하비치의 영웅 노만 코타(Norman Cota) 장군이 지휘하고 있었다. 11월 초에 휘르트겐 숲의 처절한 전투에 참가했던 제28사단은 단 2주 사이에 무려 6,184명의 사상자를 냈다. 이는 제2차 세계대전에 참전한 미군 1개 사단이 단일 전투에서 입은 손실로는 최대의 피해였다. 거의 궤멸되었던 제28사단은 휴양과 재편성을 위해 아르덴 지역으로 배치되었고, 12월 중순에는 다시 완편에 가까운 전력을 갖추게 되었다.

　　제28사단 예하에는 제112보병연대(The 112nd Infantry Regiment), 제

M114 155밀리미터장거리 곡사포는 미군 포병대의 가장 효과적인 포로서 주로 군단직할 포병대대에 배치되었다. 사진은 1월 17일 촬영된 것으로, 우팔리제 인근에서 제1군과의 연결을 회복하기 위한 패튼의 공세를 지원하고 있는 곡사포대의 모습을 보여주고 있다.

110보병연대, 제109보병연대의 3개 부대가 각각 북쪽, 중앙, 남쪽의 방어구역을 담당하고 있었다. 그러나 제28사단이 담당한 전선은 지나치게 넓었다. 제110연대의 경우에는 1개 대대가 사단 예비대로 돌려진 상태에서 겨우 2개 대대로 10마일(16킬로미터) 길이의 방어구역을 수비해야 했다. 이런 상황에서 긴 구역을 수비하기 위해서는 전 전선에 걸쳐 병력을 얇게 배치하는 것 외에 다른 도리가 없었다.

각 보병대대들은, 전선과 평행으로 달리는 능선을 따라 뻗은 스카이라인 고속도로(Skyline Drive)에서 후방으로 1마일 정도 떨어진 몇 개 마을에 예하 중대들을 분산배치했다. 전선에 근접한 지점에 각 중대가 몇 개의 전초진지를 구축해놓았지만, 이 전초선에는 주간에만 경계병이 배치되었다. 지켜야 할 전선은 넓은데 병력은 부족하다보니, 자연스럽게 연대의 방어계획은 독일군이 공격에 나섰을 때 반드시 지나야 하는 비교적 상태가 좋은 도로들의 방어에 집중되었다. 울창한 삼림과 구릉지대로 이루어진 전선은, 미-독 양측에서 가끔씩 포로를 획득하거나 상대방의 휴식을 방해하기 위해 내보내는 소규모 정찰대를 제외하면 사실상 무인지대나 다름없었다.

제28사단의 남쪽 지역에는 제9기갑사단 A전투단이 주둔해 있었다. 제9기갑사단 예하 3개 전투단 가운데 A전투단은 남쪽의 제28사단과 제4사단 사이에서 싸웠고, B전투단은 생비트 방어전에 참가했으며, 예비 전투단(Combat Command Reserve)은 예비대로 대기했다. 제9기갑사단의 방어 담당구역은 우르(Our) 강을 따라 존재하는 약 2마일 길이의 비교적 좁은 구간이었다. A전투단 예하 제60기계화보병대대(60th Armored Infantry Battalion)가 제19전차대대(19th Tank Battalion)와 함께 이 지역을 지키고 있었는데, 그 후방에는 제89정찰대대(89th Reconnaissance Squadron)가 배치되어 있었다. 제9기갑사단은 1944년 9월에야 유럽에 도착한 신예사단으로서 아르덴 공세가 벌어질 때까지는 전투에 투입된 적이 없었다.

한편, 제4보병사단 제12보병연대는 독일군 공격예정지역의 최남단 지역을 방어하고 있었다. 제12연대의 담당구역은 9마일 정도였고, 남쪽의 이웃 구역은 동사단의 제8보병연대가 지키고 있었다. 제4보병사단은 노르망디 상륙작전 당시 유타비치(Utah Beach)에 상륙하여, 여름 내내 노르망디의 관목울타리 지대에서 독일군과 숨바꼭질을 하며 치열한 전투를 벌였다. 이때 사단 예하 일부 보병중대들은 사상률 100퍼센트를 기록하기도 했다. 이후 제4보병사단은 초가을에 잠시 휴식을 취할 수 있었으나 1944년 11월에 다시 피비린내 나는 휘르트겐 숲 전투에 투입되었다. 결국 휘르트겐의 불지옥에서 2주 만에 6,000명의 사상자를 낸 제4보병사단은 전력이 바닥까지 떨어졌고, 다시 한 번 휴양과 재편성을 위해 다른 전선에 비해 조용한 상태를 유지했던 아르덴의 '유령 전선'에 배치되었다. 당시 예하 중대 가운데 다수는 병력이 정원의 절반도 되지 않았고, 사단에 배속된 제70전차대대의 경우에는 원래 54대였던 M4셔먼중(中)전차 가운데 겨우

11대만 남아 있는 형편이었다. 독일군의 아르덴 공세를 온몸으로 받아내야 했던 제12보병연대는 공세 개시 직전에 이미 "피로가 극에 달한 빈사 상태의 부대"로 인식되고 있었다.


## :: 전투서열 – 남부지역, 1944년 12월 16일


### 독일군


| | |
|---|---|
| **제5기갑군** | **하소 폰 만토이펠 기갑대장** |
| 제66군단 | 발터 루흐트 포병대장 |
| 제18국민척탄병사단 | 귄터 호프만–쉔보른 대령 |
| | |
| 제62국민척탄병사단 | 프리드리히 키텔 대령 |
| | |
| 제58기갑군단 | 발터 크뤼거 기갑대장 |
| | |
| 제560국민척탄병사단 | 루돌프 랑호이저 대령 |
| 제116기갑사단 | 지그프리트 폰 발덴부르크 소장 |
| | |
| 제47기갑군단 | 하인리히 폰 뤼트비츠 기갑대장 |
| 제2기갑사단 | 마인라트 폰 라우헤르트 대령 |
| 교도기갑사단 | 프리츠 바이어라인 중장 |
| 제26국민척탄병 사단 | 하인츠 코코트 대령 |

**예비대**
총통경호여단     오토 레머 대령

| | |
|---|---|
| **제7군** | **에리히 브란덴베르거 기갑대장** |
| 제85군단 | 밥티스트 크나이스 보병대장 |
| 제5팔쉬름얘거사단 | 루트비히 하일만 소장 |
| 제352국민척탄병사단 | 에리히 슈미트 대령 |

| 제80군단 | 프란츠 바이어 보병대장 |
| 제212국민척탄병사단 | 프란츠 센스푸스 중장 |
| 제276국민척탄병사단 | 쿠르트 뫼링 소장 |

## 미군

| **제1군** | **코트니 하지스 중장** |
| 제8군단 | 트로이 미들턴 소장 |
| 제106보병사단 | 앨런 존스 소장 |
| 제28보병사단 | 노만 코타 소장 |
| 제4보병사단 | 레이몬드 바톤 소장 |
| 제9기갑사단(B전투단 제외) | 존 레너드 소장 |

벌지 전투 - 남부지역

## :: 제5기갑군 vs. 제28보병사단

1944년 12월 16일 토요일 오전 05:30시, 어둠 속에서 독일군의 공격이 시작되었다. 약 20분 정도로 짧게 실시된 공격준비사격은 주로 미군 전선의 통신과 교통을 마비시키기 위해 이루어졌으며, 포 1문당 40발이 발사됐다. 실제로 이 포격으로 다수의 미군 전화선이 절단되었으나 무선통신까지 방해할 수는 없었다.

이 최초 공격준비사격 이후에는 보다 후방의 목표물에 대해 한층 격렬한 탄막사격이 이루어졌다. 이 후속 포격에서는 포 1문당 60발씩이 발사되었다. 사실 이와 같은 공격준비사격은 독일군 보병의 진격에 있어 양날의 칼과 같은 것으로, 독일군의 공격준비사격은 대부분 미군 전초진지에 별다른 피해는 주지도 못하면서 공격의 시작만 알려주는 결과를 초래하곤 했다.

아르덴 공세 개시 직전에 벨헨하우젠(Welchenhausen) 인근에서 촬영된 미 제28보병사단 제229야포대대 B포대 소속 105밀리미터곡사포. (MHI)

보병중대로 구성된 독일군 타격부대들은, 공격준비사격이 시작되기 전에 가능한 한 미군의 전초선 후방으로 침투하기 위해 해가 채 뜨기도 전에 이동을 시작했다. 이 전술이 일부 지역에선 성공을 거두기도 했지만 실패한 경우도 있었다. 제116기갑사단 예하 2개 기갑척탄병연대의 일부 중대로 구성된 독일군 타격부대의 경우, 한 중대는 미군으로부터 측면공격을 받고 거의 전멸해버렸다. 또다른 중대는 미 제112보병연대 1대대 지휘소를 지나 후방으로 침투하는 데는 성공했지만, 개활지로 나와버린 상태에서 해가 뜨자 곧바로 미군에게 포위되어 대부분 사로잡히고 말았다. 제60기갑연대는 미군 진지의 기관총좌들을 제거하기 위해 화염방사전차들까지 투입했지만 별 성과를 거두지 못하기는 마찬가지였다.

공세 첫날에 제116기갑사단이 거둔 유일한 성공은 제112기갑척탄병연대가 미 제112보병연대와 제110보병연대 사이를 뚫고들어가 하이너샤이트(Heinerscheid) 인근에서 우르 강을 가로지르는 교량을 확보한 것이었다. 그러나 우렌(Ouren) 인근의 교량을 확보하려는 작전은 강력한 미군의 저항으로 인해 번번이 격퇴되었다.

제116기갑사단은 다음날 아침 13대의 판터전차를 증원하여 공격을 재개했다. 판터전차들이 미군의 참호선으로 돌진하여 영거리사격을 퍼붓는 상황에서, 무전으로 다급한 구원요청을 받은 제811대전차자주포대대(811th Tank Destroyer Battalion) 소속 M18헬캣(Hell Cat)76밀리미터대전차자주포 1개 소대가 도착하여 4대의 판터를 잡아냈지만 자주포소대도 소대차량 4대 중 3대를 잃어야 했다. 어쨌든 격전 끝에 미 제229야포대대(299th Field Artillery Battalion)의 집중포격으로 독일군의 공격은 또다시 실패로 돌아가고 말았다. 판터전차들이 제229야포대대의 전방 포대까지 뚫고들어와 공격을 가하기도 했지만, 판터전차를 엄호하던 기갑척탄병들이 4문의 M2 12.7밀리미터중기관총을 장착한 M16대공장갑차중대의 사격에 쓸려나가버리자 이들도 퇴각할 수밖에 없었다.

12월 17일 오후가 되자 제116기갑사단은 예하 기갑부대의 대부분을 우렌 지역의 전투에 투입했고, 미군 보병들은 서서히 밀려났다. 해질 무렵, 미 제112보병연대에는 "해가 진 후 우렌 후방의 능선으로 퇴각하라"는 허가가 떨어졌다. 거의 하루종일 포위되어 있던 제112연대 1대대는 장교들의 기지로 무사히 퇴각할 수 있었다. 소수의 독일군이 교량을 지키고 있는 것을 발견한 대대 장교들이 자신의 병사들을 "독일식 행군대형"으로 정렬시키고 독일어로 구령을 붙이며 교량을 무사히 통과했던 것이다.

서서히 북쪽으로 밀려난 제112보병연대는 최종적으로 생비트의 미군 방어부대와 합류하게 되었다. 한편, 우렌 지역에서 강력한 저항에 부딪힌 독일의 제116기갑사단은 남쪽으로 관심을 돌려 제560국민척탄병사단과의 연계작전을 펼치면서 미 제112보병연대와 제110보병연대 사이에 뚫린 구멍을 계속 파고들었다. 그 과정에서 12월 17일과 18일에 걸쳐 독일군의 하이너샤이트의 교두보는 더욱 확대강화되어갔다.

미 제28보병사단 예하 연대들 중에서 가장 큰 타격을 입은 것은 헐리 풀러(Hurley Fuller) 대령의 제110보병연대였다. 겨우 2개 대대로 전력이 줄어 있던 제110보병연대의 방어구역에 독일군 3개 기갑사단과 2개 기갑사단이 몰려들었고, 결과적으로 2,000명의 미군 병사들은 무려 3만 1,000명의 독일군을 상대해야 했다.

12월 16일, 독일 제2기갑사단과 하인츠 코코트(Heinz Kokott) 대령이 지휘하는 제26국민척탄병사단의 총공세를 맞이한 제110보병연대는 여러 개의 작은 촌락을 거점으로 한 방어선을 어떻게든 지켜내려고 안간힘을 썼다. 하지만 애초에 휘하 부대들을 우르 강 서편으로 도하시킨 상태에서 공세를 시작하려고 마음먹었던 코코트는 공격준비사격이 시작되기도 전에 이미 2개 연대를 도하시켜 두었다. 설상가상으로, 심각한 병력부족에 시달리던 제110보병연대는 담당구역을 치밀하게 방어할 여력이 없었고, 이와 같은 독일군의 움직임을 전혀 눈치채지 못했다. 곧 우르 강의 서쪽

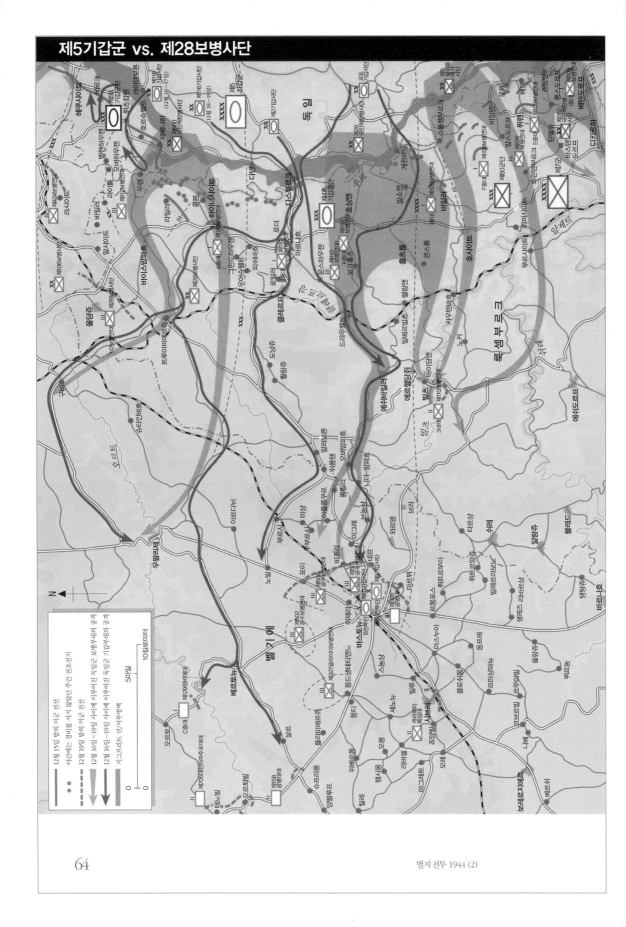

제방은 코코트의 보병들과 제2기갑사단의 기갑척탄병들로 뒤덮였다. 그러나 제110보병여단이 끈질기게 방어선을 고수함에 따라 미군 1개 중대, 심지어 1개 소대가 지키는 방어진지를 점령하기 위해 독일군 대대병력을 동원해야 하는 일까지 발생했다. 전차를 사용할 수 있었다면 그래도 좀 상황이 나았을 테지만, 다스부르크(Dasburg) 인근에 중(重)차량이 건널 수 있을 정도로 튼튼한 교량이 건설될 때까지 독일군 전차들은 우르 강 동편에서 속수무책으로 대기하고 있어야 했다.

해질 무렵 이 지역의 상황이 너무나 위태로워지자, 제28사단장 노만 코타 소장은 스카이라인 고속도로까지 침투해온 독일군 보병들을 몰아내기 위해 사단 예비였던 제707전차대대를 투입했다. 전차대의 지원으로 미군은 보병부대의 방어선을 보강할 수 있었고, 국부적이나마 반격을 가하기도 했다.

그러나 공세 첫날이 끝나갈 무렵, 미군의 전방 방어선에 전개된 제110보병연대 예하 2개 대대의 상황은 암울함 그 자체였다. 탄약이 거의 다 떨어진 상황에서, 날이 어두워지자 점점 더 많은 독일군들이 방어거점을 우회하여 후방으로 침투해 들어왔다. 야간에 일부 방어거점을 지키던 중대들은, 독일군의 공격에 거점이 함락되기 직전에 자신들의 머리 위로 포격을 가해줄 것을 요청하기도 했다.

해질녘, 마침내 다스부르크 부근에 2개의 중(重)교량이 완성되었고 드디어 독일군 전차대가 야음을 틈타 전방으로 이동을 개시했다. 독일 제48기갑군단은 비록 클레르프(Clerf) 강까지 도달한다는 공세 첫날의 목표를 달성하는 데는 실패했지만, 파도처럼 밀려드는 독일군의 공격 앞에 미 제110보병연대의 방어선이 점차 압도당하면서 미군의 저항은 눈에 띄게 약해졌다.

그러나 제110연대의 담당구역에는 클레르프(혹은 클레르보, Clervaux)를 지나 바스토뉴로 가는 유일한 포장도로가 있었다. 이 도로를 독일군에

게 내줄 수 없었던 코타 소장은 당시 절망적인 전투를 벌이고 있던 연대에
게 "현 방어선을 사수하라"는 무전명령을 내렸다. 그러나 사투를 벌이고
있는 제110연대를 지원해주고 싶어도 코타 소장으로서는 가용한 예비대
가 거의 없었다. 원래 예비대의 주력이었던 제707전차대대는 일찌감치 방
어전에 투입된 상태였기 때문에, 남은 부대라고 해봐야 제110연대의 제2
대대와 제707전차대대의 경전차중대 하나뿐이었다. 그렇다고 해서 독일
전차대가 클레르프-바스토뉴 가도를 통해 진격하도록 허용할 수는 없는
노릇이었고, 결국 코타 사단장은 자정 직전에 마르나흐(Marnach) 지역의
방어선을 강화하기 위해 마지막 예비대를 투입하라는 명령을 내렸다.

12월 17일 새벽이 되자 독일군은 클레르프에 위치한 풀러 대령의 지휘
소까지 육박했다. 새로 투입된 제110연대 2대대가 17일 새벽에 시도한 반
격작전은 채 시작되기도 전에 전차와 돌격포를 동반한 독일군 보병들의
집중사격으로 돈좌되고 말았다. 이 무렵, 제110연대 예하 포병대대는 전

력이 1개 포대로 줄어 있었고, 17일 새벽에 진지에서 몰려나면서 보유한 곡사포의 절반을 상실했다.

제707전차대대 D중대 소속 경전차들을 투입한 공격도 신통치 않기는 마찬가지였다. D중대 소속 M5A1경전차 가운데 8대는 독일군의 대전차포에 줄줄이 나가떨어졌으며, 3대는 독일군 보병들의 대전차로켓에 격파당하고 말았다. 1개 중대의 미군 보병이 겨우겨우 마르나흐까지 진출하는 데 성공했지만, 마을을 지키고 있던 방어부대는 이미 퇴각해버린 후였다.

마르나흐 방어가 불가능해지자 제110연대는 클레르프에서 독일군의 진격을 막아보려고 했다. 클레르프 마을은 좁은 계곡에 위치해 있었기 때문에 마을로 들어가려면 숲으로 둘러싸여 있는 구불구불한 도로를 지나야 했다. 17일 09:30시, 10여 대의 4호전차를 선두로 하여 기갑척탄병들을 가득 실은 30대의 SdKfz251하노마그장갑차들로 이루어진 독일 제2기갑사단의 선봉대가 클레르프로 접근해왔다. 미 제707전차대대 A중대 소속 M4셔먼전차 1개 소대가 이들과 맞서기 위해 마을에서 출격해 나왔는데, 이어진 전투에서 독일군은 4대, 미군은 3대의 전차를 각각 상실했다.

주도로를 벗어나 소로를 통해 마을로 들어가려고 하던 독일군은 선두전차가 격파당하면서 길이 막혀버리자 더이상 전진할 수가 없었다. 그러는 사이, 제9기갑사단 예비전투단(CCR) 제2전차대대 B중대로 이루어진 미군의 증원부대가 클레르프에 도착했다. 그러나 이 정도의 증원부대로 독일군의 진격을 막기에는 역부족이었다. 해질 무렵, 클레르프 마을은 파도처럼 몰려오는 독일군의 전차와 기갑척탄병들에게 휩쓸려버렸다.

18:25시경, 독일군 전차가 미군지휘소 창문으로 포신을 들이미는 지경에 이르자 풀러 대령과 연대본부도 결국 철수할 수밖에 없었다. 그러나 풀러 대령과 연대본부는 예하 G중대와 합류하려고 이동하던 중에 그만 독일군의 포로가 되고 말았다. 제110연대 잔존병력들은 대부분 야음을 틈타 철수했지만, 일부 병사들은 마을의 석조 고성(古城)에 틀어박혀 12월 18일

1944년 12월 19일에 촬영된 제28사단 제110보병연대의 생존자들. 제110연대는 독일군의 공격으로 산산조각이 났다.

내내 바스토뉴로 달려가는 독일군 행렬에 저격을 가하기도 했다.

　제110보병연대 3대대 역시 제26국민척탄병사단의 공격에 큰 타격을 입고 서서히 국경지대의 마을들로부터 밀려났고, 잔존병력들은 12월 18일에 콘스툼(Consthum) 마을에 집결했다. 그날 오후, 독일군은 돌격포의 지원을 받아가며 마을에 대한 공격을 가했지만, 생존자들은 40밀리미터 보포스 포가 후위를 엄호하는 가운데 안개를 방패 삼아 겨우 마을을 빠져나올 수 있었다. 다음날, 제3대대 잔존병력은 빌츠(Wiltz)의 사단본부로 철수하라는 명령을 받았다.

이렇게 전투가 시작된 지 이틀만에 제110연대는 압도적인 독일군에게 궤멸당하고 말았다. 그러나 제110연대가 흘린 피는 결코 헛되지 않았다. 독일군은 악착같이 버티는 제110연대를 밀어내기 위해 '이틀'이라는 시간을 허비했고, 그동안 미군은 여타 지역으로부터 증원부대를 끌어올 여유를 얻을 수 있었다. 미들턴은 훗날 독일군 포로수용소에서 풀려난 풀러 대령에게 보낸 편지에서 "만약 자네와 자네 부하들이 절망적인 상황 속에서도 독일군을 이틀 동안이나 붙잡아두지 않았다면, 제101공수사단이 도착하기도 전에 독일군이 바스토뉴를 점령해버렸을 걸세"라며 제110연대의 감투정신에 찬사를 보냈다.

제28사단 예하의 세 번째 연대였던 제109보병연대는 독일 제7군의 공격로에 해당하는 지역을 방어하고 있었다. 12월 17일이 되자 제5팔쉬름애거사단이 연대 방어선의 최북단을 지키고 있던 중대에 공격을 가해왔다. 전투경험이 부족한 독일공군 병사들은 북쪽의 제5기갑군 예하대만큼 신속하게 전진하지는 못했지만, 그래도 12월 18일경에는 미군의 방어선을 뚫고 빌츠의 제28사단본부로 육박해 들어갔다. 이즈음 제5기갑군의 교도기갑사단도 마침내 미군의 저항을 물리치고 도로망을 통해 북쪽으로부터 빌츠로 진격해 오고 있었다.

12월 19일 오전, 코타 소장은 제28사단본부를 시브레(Sibret)로 이전하고, 빌츠에는 사단본부요원들과 지원부대들을 동원해 급조한 임시편성대대만 남겨놓았다. 이후 제110보병연대 3대대 소속 생존자 200명도 이 대대에 합류했다.

제5팔쉬름애거사단장 하일만 대령은 원래 빌츠를 우회할 예정이었지만, 야전에서 휘하 부대를 통제하는 데 애를 먹으면서 이런 계획은 제대로 실행되지 못했다. 빌츠는 제5기갑군과 제7군 담당구역의 경계지대에 위치해 있었고, 독일 제5기갑군과 제7군의 여러 부대들은 이 마을에 향해 마구잡이로 공격을 가해왔다. 그러나 독일군의 공격은 유기적인 협력이 결여

된 채 이루어졌다. 12월 19일 오후에는 제26국민척탄병사단 소속의 부대들이 북쪽에서 공격을 하는가 하면, 남쪽에서는 하일만 대령으로부터 시브레 공격을 명령받은 제5팔쉬름애거사단의 제15팔쉬름애거연대가 공격해오는 식이었다.

독일군의 공격이 이처럼 조직적이지 못했던 덕분에 미군은 해질 무렵까지 마을 중심부를 겨우겨우 지켜낼 수 있었다. 하지만 도저히 더이상은 버틸 수 없게 되자, 급조된 임시편성대대의 지휘관이었던 다니엘 스트리클러(Daniel Strickler) 대령은 결국 철수를 결정했다. 그러나 마을로부터 빠져나오는 것도 결코 쉬운 일은 아니었다. 임시대대는 바스토뉴까지 철수해가면서 독일군 부대들로부터 집중사격을 받아 많은 병사들을 잃었다. 일부 부대는 간신히 바스토뉴까지 철수하는 데 성공했지만, 제687야포대대 같은 경우에는 빌츠 남쪽에서 독일군에게 포위되어 몇 차례에 걸친 독일군의 공격을 물리친 끝에 소수의 생존자만 겨우 빠져나올 수 있었다. 또한 빌츠에서 후퇴하는 미군의 후위를 맡았던 제44전투공병대대는 철수 도중에 거의 전멸당하고 말았다.

12월 20일, 제5기갑군이 마침내 제28보병사단이 버티고 있던 '저항의 중심지' 빌츠를 점령했다. 이제 우팔리제와 바스토뉴로 향하는 길도 활짝 열리게 되었다. 그러나 압도적으로 불리한 상황 속에서도 미 제28보병사단이 끈질기게 버틴 탓에 독일군은 이틀이라는 귀중한 시간을 허비하게 되었고, 도로가 개통될 무렵 바스토뉴의 미군 방어선은 이미 대폭 강화된 상태였다.

당시 노련한 제28사단이 펼친 방어전은 여러모로 이웃의 신참 제106사단과 비교되는 것이었다. 제106보병사단이 독일군의 갑작스런 공격에 지리멸렬하다 순식간에 포위섬멸당한 데 비해, 전투경험이 풍부한 제28사단 예하의 연대들은 이미 아르덴 공세 전부터 큰 타격을 입고 있었음에도 불구하고 압도적 규모의 적을 최후의 순간까지 붙잡고 늘어졌다. 결국 독

12월 20일, 제5기갑군과 제7군 예하 부대들의 합동공격으로 빌츠는 독일군의 손에 떨어졌다. 빌츠에서 마지막으로 탈출한 미군 병사들이 제28보병사단의 순찰대와 만나는 장면.

일군은 이 저항을 분쇄하느라 금쪽같은 시간을 이틀이나 허비해야 했다.


## :: 제7군의 공격

아르덴 공세에 참가한 독일의 3개 군 가운데 브란덴베르거의 제7군은 가장 중요도가 떨어지는 임무를 맡고 있었고, 그 결과 브란덴베르거는 가장 험한 지역에서 가장 전력이 떨어지는 부대들을 이끌고 임무를 수행해야

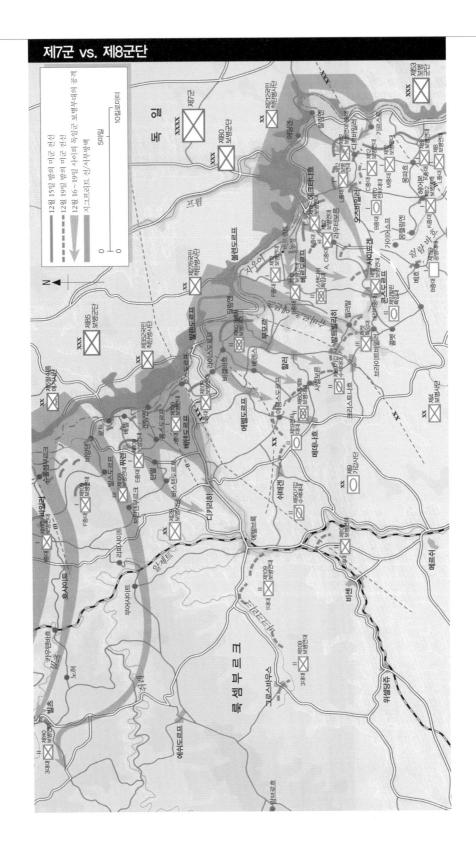

했다. 제7군에게는 미군의 배치상황에 관한 정보도 별로 주어지지 않았는데, 그 결과 공세의 시작과 함께 가해진 공격준비사격도 별다른 효과를 거두지 못했다. 하지만 제7군 담당지역의 미군 전선에는 큰 틈이 많았기 때문에 선두의 타격부대들은 대부분 성공적으로 미군의 전초선을 뚫고 후방으로 침투해 들어갈 수 있었다. 비앙덴(Vianden)의 파괴된 고성에 구축된 제109보병연대 2대대의 전초진지 같은 경우에는 예외적으로 공격을 통해 점령하기도 했지만, 대부분의 경우 독일군은 아침 안개를 은폐물 삼아 미군의 전초진지를 우회해버렸다.

침투부대와는 별도로 우르 강 도하를 목표로 진격하던 부대들도 별다른 저항에 부딪히지 않고 고무보트로 강을 건너는 데 성공했다. 공격에 나선 대부분의 독일군 대대들은 험한 지형과 미군의 허술한 전초선 덕에, 아침나절 내내 제109연대의 방어구역을 뚫고 나가면서도 일부 마을에 주둔한 미군 보병소대들과 간헐적인 총격전을 벌인 것 외에는 별다른 저항을 받지 않았다. 이 지역을 방어하던 제109연대 2대대와 3대대 사이에는 2,000야드(1,829미터)에 달하는 간격이 있었는데, 제352국민척탄병사단의 제915척탄병연대는 이 빈틈에 존재하는 계곡을 타고 전진하여 미군의 후방 깊숙이 침투하는 데 성공했다.

정오 무렵, 제352국민척탄병사단의 정찰대와 그 뒤를 후속하는 공격제대들은 미군의 후방을 휘젓고 있었지만, 상당히 평탄한 지형을 가로질러 전진해야만 했던 제916척탄병연대는 인근의 고지대에 배치된 미군 관측병들이 유도하는 미군 2개 포병대대의 포격을 덮어쓰고 우르 강변에 고착되고 말았다.

해가 질 무렵, 제109보병연대의 지휘관이었던 제임스 러더(James Rudder) 대령은 퓌렌(Führen) 인근에서 독일군에게 포위된 1개 중대를 제외하면 전반적인 상황이 꽤 안정적이라고 판단했다. 그러나 당시 러더 대령은 대규모의 독일군 보병들이 이미 미군 전선 후방 깊숙이 침투해 있다는 사실을 까맣게 모르고 있었다.

12월 17일 02:40시, 코타 소장은 러더 대령에게 "연대 예비대를 활용하여 혹시나 있을지 모를 독일군의 침투를 저지하라"는 명령을 내렸다. 하지만 이 역시 때를 한참이나 놓친 명령이었다. 이미 몇 대의 3호돌격포와 차량들을 비앙덴 인근에서 도하시킨 독일의 제14팔쉬름애거연대는 호샤이트(Hosheid)에서 에텔브룩 방면으로 스카이라인 고속도로를 타고 진격하여 미군 전선 후방 깊숙이 파고들어와 있었다. 따라서 호샤이트에서 팔쉬름애거연대를 막고 있던 미군 수비대는 철수할 수밖에 없었다.

12월 17일, 독일 제7군의 우익을 맡은 제5팔쉬름애거사단과 제352국민척탄병사단은 우르 강 너머로 계속 병력을 이동시켰다. 하지만 이들의 진격은, 언덕이나 산꼭대기에서 독일군 종대에 정확한 포격을 유도하는 미군 관측병들 및 고립된 상태에서 계속 저항하는 소규모 미군 수비대에 의해 많은 지장을 받았다. 물론 퓌렌에 포위된 1개 중대를 구출하기 위한 미군의 노력 역시 별다른 성과를 거두지는 못했다. 해질녘이 되자 미군 전초선의 틈을 뚫고 후방 깊숙이 침투한 소규모 독일군 부대가 미군 방어선의 중핵이라 할 수 있는 포병진지에 직접 공격을 가해오는 바람에, 일부 포대에서는 포반원들이 직접 소총을 잡고 독일군 보병들과 맞서 싸워야 했다.

12월 17일 해가 지자, 계속 지연되던 우르 강의 가교가 마침내 완공되었다. 군단 유일의 기갑부대였던 제11돌격포여단(11th Assault Gun Brigade)과 각종 차량들, 그리고 제5팔쉬름애거사단 포병대가 우르 강 서안으로 이동해옴에 따라 독일군의 전력은 크게 강화되었다. 한편, 좀 늦어지긴 했어도 제352국민척탄병사단이 겐팅엔(Gentingen)에 건설하고 있던 가교가 12월 18일에 완성되자 독일군은 이를 통해 충분한 포병 및 중화기를 우르 강 서안으로 이동시킬 수 있었다. 그에 따라 제109보병연대 3대대에 대한 공격도 더욱 거세졌다.

더욱 강화된 독일군이 한층 강한 압박을 가해오자 반대로 제109연대의 방어력은 점점 더 약화되어갔다. 결국 정오가 지나면서 러더 대령은 연대를 디키르히(Diekirch) 부근의 고지대로 철수시켜도 좋다는 허가를 받았다. 하지만 12월 19일, 제109연대가 제대로 방어선을 구축하기도 전에 제352국민척탄병사단이 디키르히에 도달하여 공격을 시작했다. 물론 제352국민척탄병사단도 디키르히까지 진격해오는 동안 경험이 풍부한 장교들과 부사관들을 적잖이 잃었기 때문에, 오후의 디키르히 공격에서는 사단장인 에리히 슈미트(Erich Schmidt) 대령이 직접 부대를 진두지휘하는 지경에 이르렀다. 이 공격에서 슈미트 대령은 부상을 입었지만, 미 제109보병연대는 다시 에텔브룩(Ettelbruck)까지 물러나야 했다. 제109연대는 에텔브룩의 교량을 폭파하고 마을 서쪽의 구릉지대에 방어선을 구축했다.

같은 시기, 보다 남쪽에서는 제7군의 공격이 제대로 먹혀들지 않고 있었다. 제276국민척탄병사단은 미 제9사단 A전투단 소속 제60기계화보병대대(60th Armored Infantry Battalion)의 방어선을 앞에 두고 자우어(Sauer)강을 도하했다. 제276사단은 어찌어찌 강 서안에 발판을 마련하는 데까지

12월 20일에 빌츠 외곽의 바스토뉴로 향하는 도로 인근에 참호를 파고 들어앉은 제630대전차포대대 B중대 A소대. 이 무렵 B중대는 보유하고 있던 3인치견인식대전차포를 모두 상실한 상태에서 미들턴 중장으로부터 "바스토뉴로 가는 길목을 수비하라"는 임무를 받았다.(NARA)

는 성공했지만, 사단이 보유한 3개 연대로는 고지에 자리잡은 미군의 방어선을 돌파할 수가 없었다.

12월 17일, 독일군 보병들이 울창한 숲으로 둘러싸인 계곡을 타고 제60기계화보병대대의 방어선 후방으로 파고드는 데 성공했다. 그러나 미제9기갑사단 A전투단은 기병정찰대대의 장갑차를 앞세우고 반격을 가하여 독일군의 공격을 물리쳤다. 해가 지자 이번에는 제988척탄병연대 1대대가 제60기계화보병대대의 후방으로 침투하여 부포르(Beaufort) 마을을 점령했다. 이에 미군의 1개 기병정찰중대가 사력을 다해 저항했으나 압도적인 독일군에게 결국 마을을 내줄 수밖에 없었다.

한편, 제276사단의 진격 지연에 크게 화가 난 브란덴베르거 대장은 제276사단장을 해임했다. 그러나 사실, 독일군의 진격 지연은 사단장의 무능 때문이었다기보다는 미군의 지속적인 포격으로 인해 발렌도르프(Wallen-dorf)에서 자우어(Sauer) 강에 교량을 건설하는 작업이 계속 지연됐기 때문이었다.

제60기계화보병대대는 수색대대의 남은 경장갑차량들을 동원하여 침투한 독일군을 몰아내려고 시도했다. 그러나 12월 18일, 공격에 나선 미군은 제986척탄병연대 소속의 1개 대대와 맞닥뜨렸다. 미군으로서는 불행하게도, 이 대대는 메더나흐(Medernach) 방면의 공격을 위해 판처슈렉(Panzerschreck) 및 판처파우스트(Panzerfaust)대전차로켓포로 무장한 대전차중대와 함께 진격하던 중이었다. 순식간에 미군의 M5A1경전차 7대가 독일군의 대전차로켓에 나가떨어졌지만, 미군 기병정찰대는 독일군을 격퇴할 수 있을 만큼 충분한 소총병을 보유하지 못한 상태였다.

18일 자정 무렵이 되자 A전투단의 전방 방어선은 여러 지점에서 독일군에게 뚫려버렸고, 결국 A전투단은 자우어 강에서 퇴각하여 새로운 방어선을 구축했다. 그 과정에서 제60기계화보병대대의 방어선에 배치되었던 3개 중대가 고립되었고, 미군은 3일간 악전고투를 벌인 끝에 겨우 생존자들을 구출할 수 있었다.

12월 19일, 제276국민척탄병사단장 뎀프볼프(Dempwolff) 대령이 사기가 저하된 부대의 재편성을 실시하는 한편 계속 지연되는 기갑부대가 도착할 때까지 일체의 공격을 연기하기로 결정함에 따라 독일군의 공격도 약화되었다. 그러나 12월 20일 오후, 마침내 헤처〔Hetzer, Jagdpanzer 38(t)〕구축전차가 전선에 도착했다. 이에 할러(Haller)에서 대기하고 있던 제988척탄병연대는 발트빌리히(Waldbillig) 인근의 미군 전초진지에 대한 공격을 개시하였다. 결과적으로 이 공격은 실패로 돌아가고 말았지만, 제987척탄병연대가 야음을 틈타 깊은 계곡을 타고 발트빌리히 반대쪽 측면으로 돌아나가자 마을을 지키던 미군 대전차포 및 기병분견대는 퇴각할 수밖에 없었다. 당시 독일군 지휘부로서는 알 도리가 없었겠지만, 바로 이곳이 제276국민척탄병사단의 최대 진출선이었다.

더 남쪽에서 제212국민척탄병사단이 미 제4보병사단 제12보병연대에 대해 실시한 공격은 제276국민척탄병사단이 이루었던 만큼의 진전조차 얻어내지 못했다. 원래 독일군 정보부는 이 지역에 대해서 그래도 꽤나 많은 정보를 가지고 있었고, 제12보병연대가 구축한 방어진지 대부분의 위치 또한 정확히 파악하고 있었다. 이 지역은 원래 '작은 스위스'라고 불릴 정도로 지형이 매우 험한 곳이었다. 공세가 시작되자, 제212국민척탄병사단 예하 2개 연대가 고무보트를 타고 자우어 강을 건넜다. 이 과정에서 독일군의 도하에 가장 방해가 되었던 것은 미군의 저항이 아니라 강물 그 자체였다. 급류 때문에 주요목표였던 에흐터나흐 인근 상륙에 실패한 제320척탄병연대는 3마일이나 더 떠내려간 지점에서 겨우 자우어 강 서안에 올라설 수 있었고, 당연히 공격은 크게 지연되었다.

한편, 미 제12보병연대의 전초진지는 넓은 지역에 분산배치되어 방어에 큰 어려움을 겪고 있었다. 무전으로 독일군의 공격에 대한 경고가 도착했지만, 많은 부대들이 이 무전을 받지 못했다. 따라서 정오가 다 되어 독일군 정찰대가 나타날 때까지 미군들은 독일군의 대공세가 시작되었다는 사실을 전혀 인식하지 못하고 있었다. 미군 포병부대조차 북쪽의 포병부대들에 비해 훨씬 굼뜬 모습을 보여주었다. 한 포병 관측기가 "눈감고 쏴도 맞을 만큼" 많은 목표물이 있다고 보고해왔음에도 독일군에게 제대로 된 타격을 주지 못했던 것이다. 전초선에 배치된 대부분의 부대는 국경지대 일대의 여러 마을에 주둔한 중대진지로 철수했지만, 오후가 되자 깊숙이 침투한 독일군에 의해 일부 마을들이 고립되고 말았다. 이에 대한 대책으로 제12보병연대본부는 전력이 크게 부족한 제70전차대대의 전차 몇 대에 소수의 보병을 탑승시킨 소규모 특임대를 파견했다.

12월 17일경, 보급을 위해 건설중이던 가교가 채 완성되기도 전에 미군의 공격으로 파괴되었음에도 불구하고 제212국민척탄병사단은 전방에서 공격중인 연대들을 계속 증강시켰다. 하지만 독일군 보병이 수적으로

빌츠에서 제5팔쉬름얘거사단은 사용가능한 상태의 M4셔먼전차 6대를 노획하여 대충 독일군의 철십자마크만 그려넣은 뒤 곧바로 전투에 투입했다. 몇 주 후, 에쉬-수르-쉬레(Esch-sur-Sûre) 중심가에 버려진 상태로 발견된 노획전차의 모습.

는 미군 보병보다 우세했다 하더라도 미군에게는 전차가 있었다. 따라서 독일군으로서는 공격에 애를 먹을 수밖에 없었다. 12월 17일에는 추가로 미 제9기갑사단의 제19전차대대에서 1개 중대가 증원부대로 파견되었고, 설상가상으로 자우어 강의 교량 건설이 지연되면서 독일군은 포병대의 지원도 받을 수 없게 되었다. 반면 미군은 훨씬 더 우세한 포병지원을 받을 수 있었다.

제987척탄병연대는 슈바르츠에른츠(Schwarz Erntz) 계곡을 따라 미군 전선을 깊숙이 뚫고 들어갔지만, 미군 포병대의 포격 때문에 계곡에서 빠져나올 수 없게 되었다. 이후 미군은 더이상의 침투를 막기 위해 소수의 탱크와 대전차자주포로 러켓 특임대(Task Force Luckett)를 구성하여 이 계곡으로 파견했다. 제320척탄병연대는 그래도 좀 사정이 나아서 에흐터나흐(Echternach)를 우회하여 2개 미군 소총중대 사이를 뚫고들어갈 수 있었다. 그러나 그 어느 공격도 미군 방어선을 심각하게 위협할 만큼의 성과를 거두진 못했다.

## | 돌파의 달성 |

12월 18일 오전, 독일군의 공격개시일 +2일차에 바스토뉴로 향하는 도로가 마침내 개통되었다. 제5기갑군은 압도적인 힘으로 미 제28보병사단의 제110보병연대를 궤멸상태로 몰아넣는 동시에 다른 2개 보병연대를 좌우로 밀어붙이면서 미군 전선에 커다란 구멍을 뚫어놓았다. 하지만 제110연대가 최후까지 치열하게 저항을 계속하면서 히틀러의 작전계획일정에는 큰 차질이 생겼다. 원래의 작전일정대로라면 공격개시일 +1일차에는 바스토뉴를 점령하고 +3일차에는 뫼즈 강에 도달했어야 했지만, 제7군의 공격은 전반적으로 지지부진했다. 특히 최남단지역의 공격이 거의 진전을 이루지 못하면서 독일군의 작전계획은 점점 더 꼬여만 갔다. 이런 상황에서 만토이펠의 제5기갑군이 뫼즈 강으로 가기 위해 사용할 수 있는 도로망은 2개로 제한되었고, 이 도로망들을 확보하기 위해 제116기갑사단은 우팔리제를 거쳐 뫼즈로, 그리고 제5기갑군 주력과 제7군의 일부 부대들은 바스토뉴로 향했다.

제28사단의 분투 덕분에 미들턴은 간신히 바스토뉴 방어를 준비할 수 있는 틈을 얻게 되었다. 12월 16일 오후, 브래들리는 지나치게 늘어진 아르덴 구역의 방어를 강화하기 위해 예비부대를 투입하기 시작했다. 그러나 제12집단군에게 가용한 예비병력은 제82공정사단과 제101공정사단뿐이었다. 당시 양 사단은 네덜란드에서 두 달간 격전을 치른 후 랭스(Reims) 인근에서 재정비중이었다.

브래들리는 제82사단을 북쪽 지역의 생비트로, 제101사단은 남쪽 지역의 바스토뉴로 각각 파견했다. 그 외 다른 예비대가 없었던 브래들리로서는 주변의 부대로부터 병력을 빼돌리는 방법밖에 없었다. 그래서 그는 패튼의 제3군에게 "팅크 작전을 위한 예비대로 빼두었던 제10기갑사단을 미들턴에게 보내라"고 지시했다. 패튼은 처음에 이 명령에 불만을 표시했다. 하지만 아르덴 공세가 단순히 연합군의 차기 공세를 방해하기 위한 공격 이상의 것임이 분명해지자, 그는 곧 참모들에게 아르덴 지역의 제1군을 증원하기 위한 계획을 작성하라고 지시했다.

이들 증원부대가 도착하기를 기다리는 동안, 미들턴은 빈약하나마 당장 투입할 수 있는 예비대를 전개하기 시작했다. 당시 미들턴은 담당구역 내에서 독일군에게 가장 중요한 목표가 바로 바스토뉴라는 사실을 잘 알고 있었다. 따라서 그 어떤 대가를 치르고서라도 이 도시를 반드시 지켜내겠다고 마음먹고 있었다.

12월 17일 자정 직전, 미들턴에게 클레르프 함락 소식이 전해졌다. 이제 만토이펠의 제5기갑군이 바스토뉴로 거침없이 달려갈 수 있는 도로가 열린 것이다. 이에 미들턴은 제9기갑사단의 예비전투단으로 이 통로를 어떻게든 차단할 계획을 세웠다. 계획을 실행에 옮기기 위해, 미들턴은 예비

제8군단 사령부가 바스토뉴에서 철수했을 때 많은 지원부대들도 함께 철수했다. 1944년 12월 19일, 바스토뉴와 마르쉐(Marche) 가도상에서 촬영된 제54통신대대 차량대열의 모습.

전투단을 보병중대와 전차중대들로 혼성편성된 2개 특임대로 나눴다. 이 2개 특임대 중 전력이 약한 쪽이었던 로즈 특임대(Task Force Rose)에게는 전차 및 보병 1개 중대씩을 동원하여 클레르프에서 바스토뉴로 가는 도로를 차단하는 임무를 부여했다. 이들의 후방에는 하퍼 특임대(Task Force Harper)가 알러보른(Allerborn) 부근에 배치되었다. 그리고 뷔레(Buret) 인근에 전개한 제73기계화포병대대(73rd Armored Field Artillery Battalion)의 M7프리스트(Priest)105밀리미터자주곡사포부대가 이 두 부대에 화력지원을 제공해주었다. 바스토뉴 자체의 방어를 위해서는, 제1128공병연대(1128th Engineer Group) 예하 3개 대대 병력에게 소총을 쥐어주고 바스토뉴를 둘러싼 형태로 북서쪽의 포이(Foy)에서 남쪽의 마르뷔(Marvie)에 이르는 지역에 설정된 반원형의 방어선에 배치했다.

오전 08:30시경, 독일 제2기갑사단의 정찰대가 뤼랑쥬(Lullange)의 도로차단선에서 로즈 특임대와 조우하면서, 진격하던 제5기갑군과 바스토뉴 방어부대 사이에 최초로 전투가 벌어졌다. 그러나 클레르프에 남아 진격하는 독일군의 행렬에 저격을 해대는 미군 병사들 때문에 독일 제2기갑사단 본대의 진격은 크게 지체되었다. 오전에 벌어진 소규모 전투에서 별다른 성과를 내지 못하게 되자, 독일군의 선봉 전투단은 미군 방어선 앞에 연막을 친 후 이를 은폐물 삼아 2개 전차중대를 전방으로 이동시켰다. 11시경, 연막이 걷히자 약 800야드(732미터) 거리를 두고 전차전이 벌어졌으며 양측은 각각 3대씩의 전차를 상실했다.

제2기갑사단 선봉 전투단이 도로차단선을 3면에서 압박해들어옴에 따라, 로즈 특임대는 "철수를 허가해주든지 아니면 하퍼 특임대의 지원을 허용해달라"고 요청했지만 미들턴은 둘 다 거절했다. 오후가 되면서 진격해오던 독일 제116기갑사단이 뷔레의 제73기계화곡사포대대를 들이치자 곡사포대대는 진지를 바꿀 수밖에 없었다. 이는 이미 곤경에 빠진 로즈 특임대의 상황을 더욱 악화시켰다. 한편, 일부 독일군 전차들이 도로차단선을 우회하여 계속 미군의 후방지역으로 진격해 나아가자, 저녁무렵에는 드디어 이를 저지하기 위한 목적으로 "윙크랑쥬(Wincrange) 방면으로 몇 마일 정도 후퇴해도 좋다"는 허가가 로즈 특임대에 떨어졌다. 그러나 로즈 특임대는 이미 도로차단선을 지나쳐 진격을 계속하던 제2기갑사단의 선봉부대에 완전히 포위당한 후였다. 결국 로즈 특임대는 하퍼 특임대와의 접촉을 완전히 상실했다.

20:00시경, 독일군은 알러보른의 도로차단선을 지키고 있던 하퍼 특임대에게 격렬한 포격을 가한 직후 곧바로 전차부대를 동원해 공격에 나섰다. 미 제9기갑사단의 보고서는 당시 독일군의 공격이 성공한 이유로 "판터전차들이 적외선암시(暗示)장치를 장착하고 있었기 때문"이라고 기록하고 있다. 하지만 실제로 독일군이 암시장치를 사용했다는 증거는 없다. 암시장치가 사용됐건 아니건, 하퍼 특임대는 자정 무렵에 결국 독일군의 공격에 분쇄되고 말았다. 하퍼 특임대의 지휘관과 자주포소대는 우팔리제를

향해 북서쪽으로 탈출했고, 대대의 다른 차량들은 남쪽의 팅티뉘(Tingtigny)로 철수했다.

하퍼 특임대가 박살이 나자, 이제 바스토뉴로 가는 길을 지키는 미군 부대는 약간의 군단본부직할대들과 두 개의 자주포대대, 그리고 경전차 1개 소대밖에는 남지 않게 되었다. 예하대가 모두 격파당하거나 포위되자, 제9사단 예비전투단본부는 자정을 넘길 무렵에 바스토뉴 방면으로 철수를 시작했다.

12월 18일 아를롱(Arlon)에서 바스토뉴를 향해 이동을 개시한 제10기갑사단 B전투단은, 미들턴으로부터 "부대를 셋으로 나눠 롱빌리(Longvilly), 와르뎅(Wardin), 노빌(Noville)을 각각 수비하라"는 명령을 받았다. 첫 번째 부대인 체리 특임대(Team Cherry)는 12월 18일 롱빌리에 도착했으나, 하퍼 특임대가 산산조각이 나고 있는 상황에서도 그 이상은 진격하지 말라는 지시를 받았다. 그러나 제10기갑사단 B전투단을 클레르프-바스토뉴 가도 방어에 투입한다는 계획은 곧 현실성이 없다는 점이 분명해졌다.

한편, 독일군측에서 바스토뉴 점령임무를 맡은 부대는 바이어라인의 교도기갑사단(Panzer Lehr Division)이었다. 12월 18일, 바이어라인은 예하의 2개 기갑척탄병연대를 중심으로 사단을 2개 전투단으로 나누었다. 제902기갑척탄병연대를 기간으로 한 포싱어전투단(Kampfgruppe Poschinger)은 오버밤파흐(Oberwampach)로 향하는 독일 제2기갑사단 남익 후방의 도로를 타고 이동중이었고, 제901기갑척탄병연대는 아직 콘스툼에서 미 제110보병연대 3대대와 전투 중이었다.

교도기갑사단이 바스토뉴 동쪽에서 작전을 시작하자 체리 및 하퍼 특임대를 격파한 제2기갑사단의 전투단은 뫼즈 강으로 가기 위해 북서쪽의 노빌로 방향을 틀었다. 진창이 된 도로 때문에 상당한 지연을 겪은 포싱어전투단은 12월 18일 18:30시경에야 겨우 오버밤파흐에 도착했고, 자정 무렵에는 마그레(Mageret) 마을로 뚫고 들어갔다. 그러나 마을로 향하는 도

중, 뻘밭이 된 도로에 기갑척탄병들이 탑승한 슈타이어(Steyer)트럭들이 빠져버리면서 전투단의 전차들은 보병의 지원 없이 공격을 해야 했다.

그런데 이곳에서 바이어라인은 한 벨기에 민간인으로부터 "별 두 개를 단 미국 장군이 최소 40대 이상의 전차들을 이끌고 그날 저녁 마그레를 지나갔다"는 말을 들었다. 결과적으로 이 정보는 잘못된 것이었지만, 당시 남은 전차가 10여 대뿐이었던 바이어라인은 자신이 미군 기갑사단 행렬의 한가운데로 뛰어든 것은 아닌지 우려할 수밖에 없었다. 결국 그는 마그레 북동쪽에 방어진을 구축하고 바스토뉴에 대한 공격은 다음날 아침으로 미루기로 결정했다.

바이어라인으로서는 땅을 칠 노릇이었겠지만, 그날밤 미 제101공수사단의 선두부대가 트럭편으로 바스토뉴에 도착했다. 당시에는 사단장 맥스웰 테일러 소장이 미국에 가 있었던 관계로 사단포병대 지휘관이었던 앤소니 맥컬리프(Anthony McAuliffe) 준장이 사단의 지휘를 맡고 있었다. 게

남쪽으로부터 바스토뉴로 향하는 주도로를 와르뎅 인근에서 촬영한 사진. 우측에 제10기갑사단 오하라 특임대(Task Force O'Hara) 소속으로 독일군과 싸우다 격파당한 M4셔먼중(中)전차가 보인다.

다가 제101공수사단은 제대로 출동준비도 하지 못하고 허겁지겁 이동을 해온 터라 동계피복은 말할 것도 없고 탄약마저 부족한 상태였다. 〔TV미니 시리즈 '밴드 오브 브라더스(Band of Brothers)'에서는 바스토뉴 인근에 도착한 제101공수사단 소속 이지중대원들이 퇴각하는 미군 패잔병들에게 "탄약은 넘겨주고 가라"고 부탁하는 장면이 나온다—옮긴이〕

바스토뉴 주변의 상황이 점점 위급해지자, 12월 19일에 브래들리는 미들턴에게 "군단사령부를 바스토뉴에서 철수시키라"는 명령을 내린 후 바스토뉴 방어지휘를 맥컬리프 준장에게 맡겼다. 맨 처음 바스토뉴에 도착한 제101공정사단의 부대는 줄리안 이웰(Julian Ewell)이 지휘하는 제501공수보병연대(501st Parachute Infantry Regiment)였다. 도착 직후, 이웰은 마그레로 향하는 도로 일대의 상황이 어떤지 파악하기 위해 3대대의 일부 병력을 파견했다.

새로운 미군부대들이 자꾸 나타나자 내심 불안해진 바이어라인은, 신속하게 공격한다면 바스토뉴 외곽에 공격거점을 마련할 수 있을 것으로 생각하고 선봉부대인 팔로이스전투단(Kampfgruppe Fallois)에게 "네프(Neffe)로 밀고 들어가라"고 명령했다. 당시 네프를 지키고 있던 미군병력은 체리 특임대의 본부요원들과 몇 대의 전차들이 전부였다.

08:00시, 팔로이스전투단은 네프로 밀고 들어가는 데 성공했다. 하지만 그들은 마을의 미군을 완전히 소탕하지 못한데다 특히 석조 고성에 틀어박힌 미군들을 무시하고 그냥 지나갔는데, 이 미군들은 두고두고 독일군의 골칫거리가 되었다. 어쨌든 마을의 반대쪽 경계선까지 진출하는 데 성공한 팔로이스전투단은 바스토뉴 방면으로부터 미군 보병들이 전진해오는 것을 보게 되었다. 이들은 사실 이웰이 보낸 제3대대의 일부 병력이었다. 하지만 그 무렵의 미 공수부대원들은 공수가 가능한 공정부대용 105밀리미터곡사포의 지원을 받고 있었고, 이 곡사포의 포성을 들은 바이어라인은 이를 전차포 소리로 오인했다. 전진해오는 미군 부대가 단순히

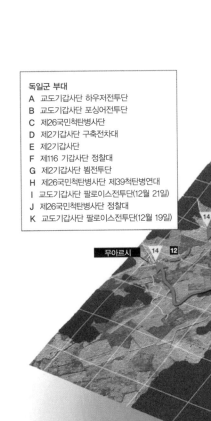

**독일군 부대**
A  교도기갑사단 하우저전투단
B  교도기갑사단 포싱어전투단
C  제26국민척탄병사단
D  제2기갑사단 구축전차대
E  제2기갑사단
F  제116 기갑사단 정찰대
G  제2기갑사단 뵘전투단
H  제26국민척탄병사단 제39척탄병연대
I  교도기갑사단 팔로이스전투단(12월 21일)
J  제26국민척탄병사단 정찰대
K  교도기갑사단 팔로이스전투단(12월 19일)

XX  제101 공정사단
맥컬리프

테느빌

오르퇴빌

오르트 강

무아르시

시브레

XX  교도기갑사단
바이어라인

### ▼ 경과

1. 12월 18일: 미들턴 중장이 군단직할 공병 대대들을 보병으로 전환, 바스토뉴 남동부 방어선에 배치할 것을 명령하다.

2. 12월 18일: 제10기갑사단 B전투단이 바스토뉴에 도착, 3개 특임대로 재편성되어 바스토뉴 남측 방어에 투입되다.

3. 12월 18일 저녁: 제101공정사단이 바스토뉴에 도착, 시 주변에 방어선 구축을 시작하다.

4. 12월 18일 밤: 퇴각하던 제9기갑사단 예비전투단이 롱빌리 외곽에서 체리 특임대와 합류하다.

5. 12월 19일 10:00시: 포싱어전투단이 마그레 마을로 돌입하다. 바이어라인이 미군전차부대에 관한 잘못된 정보를 입수하고 다음날 오전까지 바스토뉴 공격을 연기하기로 결정하다.

6. 12월 19일 08:30시: 팔로이스전투단이 네프로 돌입, 전진해오는 제501공수보병연대 3대대 병력을 발견하다.

7. 12월 19일 오후: 교통정체로 꼼짝달싹 못하던 제9기갑사단 예비전투단과 제10기갑사단 체리 특임대가 독일군 3개 사단 예하대의 합동공격으로 격파당하다.

8. 오하라 특임대가 교도기갑사단의 팔로이스전투단의 공격을 받고 와르뎅에서 밀려나 마르뷔로 철수하다.

9. 12월 19일: 제26국민척탄병사단이 일몰 후 비조리를 공격하나 미 공수부대원들의 격렬한 저항과 미군 포병대의 집중포화로 실패하다.

10. 12월 19일: 포싱어전투단이 일몰 후 네페를 공격하나 미 공수부대원들의 완강한 저항으로 실패하다.

11. 12월 19일 04:30시: 독일 제2기갑사단이 뫼즈 강상(江上) 교량을 확보하기 위해 바스토뉴를 우회하여 전진하던 중 어둠 속에서 데소브리 특임대와 조우하다. 하루종일 양측 간에 간헐적인 전투가 벌어졌다. 제101공정사단 제506공수보병연대 1대대가 도착하자 전투는 더욱 격렬해졌다.

12. 12월 20일 05:30시: 제2기갑사단이 새벽의 공격으로 데소브리 특임대를 노빌에서 밀어내고 포이의 공수부대 방어선을 뚫고 들어가다.

13. 12월 21일 : 바스토뉴의 방어가 생각보다 강력하다는 것이 명백해지자 뤼트비츠가 바이어라인에게 "뫼즈 강의 교량 확보를 위해 교도기갑사단을 바스토뉴 남방으로 우회시켜 진격을 계속하라"고 허가하다. 팔로이스전투단을 선두로 한 교도기갑사단의 우회기동으로 바스토뉴의 서측과 남측이 완전포위되었다.

14. 12월 21일: 팔로이스전투단이 오후 늦게 오르트 강에 도달하다.

15. 12월 20일: 제2기갑사단 정찰대 뵘전투단이 오르퇴빌에서 오르트 강을 건너는 교량을 장악하다. 코헨하우젠전투단도 뒤이어 오르퇴빌에 도착하다. 그러나 제2기갑사단은 연료부족으로 이 돌파상황을 제대로 활용하지 못했다.

## 포위된 바스토뉴

1944년 12월 19일~23일간 바스토뉴와 인근지역의 상황을 남동쪽으로부터 바라본 전황도. 12월 19일 새벽, 제5기갑군의 선봉대는 바스토뉴 외곽에 도달한다. 공세의 여세를 타고 바스토뉴를 신속하게 점령하려던 제5군은 바스토뉴로 가는 도로를 막아선 특임대들의 필사적인 저항과 제101공정사단의 바스토뉴 도착으로 좌절하고 만다. 그 결과, 독일의 제2기갑사단과 교도기갑사단은 주목표인 뫼즈 강의 도하지점 확보를 위해 바스토뉴를 우회한다. 12월 21일, 바스토뉴는 포위된다.

\* 좌표 한 칸은 가로 세로 각각 1마일(1.61킬로미터) 길이의 구간을 나타낸다.

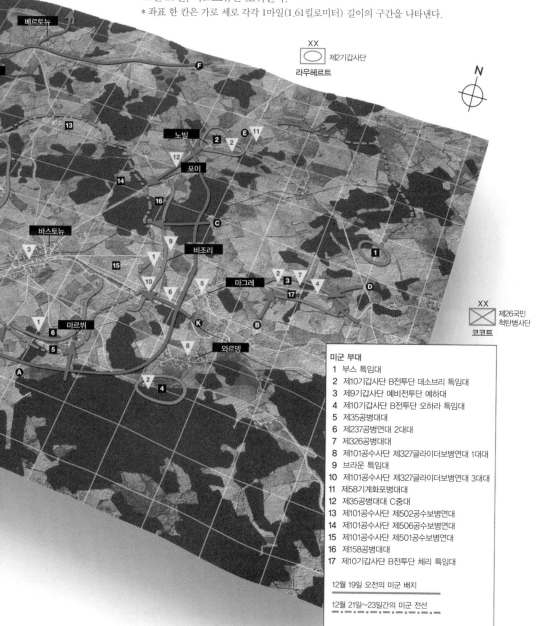

미군 부대
1 부스 특임대
2 제10기갑사단 B전투단 데소브리 특임대
3 제9기갑사단 예비전투단 예하대
4 제10기갑사단 B전투단 오하라 특임대
5 제35공병대대
6 제237공병연대 2대대
7 제326공병대대
8 제101공수사단 제327글라이더보병연대 1대대
9 브라운 특임대
10 제101공수사단 제327글라이더보병연대 3대대
11 제58기계화포병대대
12 제35공병대대 C중대
13 제101공수사단 제502공수보병연대
14 제101공수사단 제506공수보병연대
15 제101공수사단 제501공수보병연대
16 제158공병대대
17 제10기갑사단 B전투단 체리 특임대

12월 19일 오전의 미군 배치

12월 21일~23일간의 미군 전선

정찰부대라는 사실을 알 턱이 없었던 바이어라인은, 바스토뉴로 공격해 들어가는 대신 예하 부대들에게 "미군의 전면적인 반격을 맞아 싸울 태세를 갖추라"고 명령했다. 결과적으로, 미 공수부대원들의 용감한 돌격은 안 그래도 크게 지연된 바이어라인의 바스토뉴 공격계획을 완전히 뒤틀어 버린 셈이었다. 게다가 네프를 통과하여 이동중이던 독일의 기갑척탄병들은 여전히 고성에 틀어박혀 저격을 해대는 미군들 등쌀에 수시로 분산해서 엄폐물을 찾느라 제대로 진격할 수가 없었다. 독일군은 이 미군 병사들을 몰아내기 위해 전차포로 사격을 퍼부어보기도 했지만 고성의 미군들은 끈질기게 저항을 계속했다.

당시 롱빌리 인근에 있던 체리 특임대도 비록 포위된 상태였지만 제26국민척탄병사단의 비조리(Bizory) 공격계획에는 상당한 장애가 되고 있었다. 이에 골치가 아파진 바이어라인은 체리 특임대를 완전히 쓸어버리기로 결심하기에 이른다. 때마침 교도기갑사단의 2번째 전투단이 겨우 콘스툼 전투에서 빠져나와 바스토뉴 지역으로 이동을 시작했고, 그 선두부대인 제130교도구축전차대대(Panzerjäger Lehr Abteilung 130)가 그날 오전 롱빌리 부근에 도착했다.

롱빌리에 대한 공격은 예정보다 몇 시간이나 지체되어 그날 오후에야 시작되었다. 그런데 공격을 시작한 독일군 구축전차들이 막 490고지의 능선을 타고 넘자, 진격하던 제10기갑사단 B전투단과 퇴각하던 제9기갑사단 예비전투단 및 그 외 잡다한 미군부대들까지 뒤엉킨 엄청난 교통체증이 그들의 눈앞에 펼쳐져 있었다. 한편, 교도기갑사단의 전투단 외에도 제26국민척탄병사단 역시 이 지역으로 접근하고 있었고, 그동안 지속적으로 예하대에 포격을 가해왔던 미 제9기갑사단의 자주곡사포들을 처리하기 위해 제2기갑사단 또한 6대의 88밀리미터포를 장착한 구축전차(야크트판터를 지칭하는 것으로 추정—옮긴이)를 보냈다.

독일군 3개 사단에서 출발한 이 부대들이 고지를 달려 내려와 꼼짝달

**위** 제116기갑사단은 오통 (Hotton)에 돌입하는 데는 성공했으나 미 제3기갑사단 사령부 예하 직할대들에게 격퇴되었다. 12월 21일 오후에 벌어진 전투에서 격파당한 제16기갑연대 2대대(II/Panzer Regiment 16) 소속 4호전차의 모습. (NARA)

**아래** 12월 21일 미군의 오통 방어에서는 2대의 전차가 중요한 역할을 수행했다. 사진 속의 전차는 그 중 한 대로, 전투 중 격파당한 제33기갑연대 G중대 소속 M4셔먼.(NARA)

싹 못하는 대열로 쇄도해 들어가자 미군 차량들은 곧 차례로 격파되었다. 체리 특임대는 어떻게든 도로를 벗어나 방어선을 구축해보려 했지만, 그 와중에 14대의 경전차들을 모조리 잃고 말았다. 결과적으로 23대의 M5A1 경전차와 M4중(中)전차, 15대의 M7프리스트105밀리미터자주곡사포, 14 대의 장갑차, 30대의 지프와 25대의 $2\frac{1}{2}$톤 트럭 등 약 100여 대의 미군 차량들이 유기되거나 격파되었다. 그러나 선봉부대가 이처럼 미군의 차량대 열을 신나게 두들기느라 시간을 허비하는 바람에, 정작 원래 목표였던 바스토뉴 공격은 크게 지연되고 말았다.

그 다음으로 교도기갑사단을 막아선 제10기갑사단 B전투단의 부대는 오하라 특임대였다. 와르뎅 인근에서 남동쪽으로부터 바스토뉴로 향하는 통로를 방어하던 오하라 특임대는 12월 19일 오후 팔로이스전투단의 공 격에 의해 와르뎅에서 밀려나 마르뷔로 철수했다. 하지만 기력이 다한 독 일군도 그 이상 공격을 계속하지는 못했다.

12월 19일 오후, 뤼트비츠 군단장이 바스토뉴 공격을 논의하기 위해 바이어라인의 지휘소를 찾아왔다. 뤼트비츠는 "바스토뉴에 계속 새로운 미군부대가 나타나고 있다는 사실에 병사들이 크게 동요하고 있으며, 만 약 군단이 당장 바스토뉴를 우회해서 뫼즈 강으로 진출하지 않는다면 더 많은 미군의 증원부대가 바스토뉴로 몰려올 것"이라고 우려했다. 이에 대 해 바이어라인은 "향후 어떤 작전을 벌이든지 바스토뉴는 반드시 필요한 전략적 요충이며, 우회를 한다 하더라도 계속 독일군 후방에 큰 위협을 가 하게 될 것"이라고 주장했다. 그리고 네프의 포싱어전투단에게 "19:00시 부터 야습을 개시하라"고 지시했다. 비슷한 시간대에 제26국민척탄병사 단도 비조리를 공격했다. 그러나 두 공격 모두 한층 격렬해진 미군의 저항 에 맞닥뜨리면서 별다른 성과도 거두지 못하고 결국 좌초되고 말았다. 여 기저기서 끌어모은 패잔병과 임시 부대들이 지키던 바스토뉴 외곽의 엉성 한 미군 방어선은 이제 돌덩이처럼 단단해져 있었다.

바스토뉴의 남동쪽 측면에서 교도기갑사단과 제26국민척탄병사단이 무익한 공격을 퍼붓고 있는 동안, 제2기갑사단은 서방으로 진격을 계속하기 위해 바스토뉴의 북서쪽 외곽을 우회하고 있었다. 04:30시경, 사단 정찰대가 미 제10기갑사단 B전투단의 세 번째 특임대였던 데소브리 특임대(Team Desobry)가 담당한 방어구역의 전초선과 조우했다. 사단장 라우헤르트가 군단장 뤼트비츠에게 "뫼즈 강을 향해 계속 서쪽으로 진격하기 위해 부르시(Bourcy)와 노빌 인근의 도로차단선을 우회하겠다"고 무전으로 알리자 뤼트비츠도 이에 동의했다.

독일의 기갑부대 대열들은 안개를 뚫고 진격을 계속했으며, 그 중 일부는 노빌 남동쪽의 한 능선을 넘어 이동했다. 가끔 안개가 걷힐 때마다 독일군과 미군의 전차들은 근거리에서 치열한 접전을 벌였다. 물밀듯이 밀려드는 독일군과 마주한 채로 전력 면에서 역부족임을 깨달은 데소브리 팀장은 결국 철수허가를 요청했다. 그러나 제101공정사단이 완전히 방어선에 자리를 잡으려면 아직 시간이 더 필요했으므로 데소브리의 철수요청은 거부되고 말았다. 그 대신, 정오를 조금 넘긴 시각에 제506공수보병연대 1대대 소속 공수부대원들이 증원병력으로 도착했다. 전의가 넘치는 공수부대원들은 곧바로 반격을 개시했으나 독일군 전차대의 포격으로 이 반격 기도는 실패로 돌아갔다. 이 반격에 대해 제2기갑사단은 2개 전차중대의 지원을 받는 보병들로 맞대응했다.

독일전차들은 폐허가 된 노빌로 들어가 바주카포로 무장한 공수부대원들과 숨바꼭질을 벌이고 싶지 않았지만, 그렇다고 해서 노빌을 쉽사리 우회할 수도 없는 상황이었다. 당시 도로 이외의 야지는 모두 진흙으로 완전히 뻘밭이 되어 있었고, 선두의 궤도전차대는 어찌어찌 지나간다 하더라도 후속하는 보병탑승 트럭들은 도저히 통과할 수 없는 상황이었다.

12월 20일 오전 05:30시, 독일군은 공격을 재개하여 노빌을 고립시키면서 인근의 포이에 있는 공수부대원들을 밀어내는 데 성공했다. 노빌에 고립된 부대가 버텨낼 재간이 없다는 사실을 잘 알고 있었던 맥컬리프는 결국 공수부대원들이 포이를 탈환하기 위해 공격을 가하는 동안 노빌 방어부대의 철수를 허가했다. 해질녘에 철수를 시작한 노빌 방어부대는 다행히 때맞춰 짙게 낀 안개를 은폐물 삼아 독일군의 포위를 뚫고 무사히 철수할 수 있었다. 이제 노빌을 확보한 제2기갑사단은 서쪽으로 진격을 계속하여 오르퇴빌(Ortheville) 인근에서 오르트 강을 건너는 교량을 점령했다. 그러나 하필 그 시점에서 연료가 다 떨어진 사단 선봉대는 후속 보급부대의 도착을 기다리면서 거의 아무것도 하지 못한 채 고스란히 하루를 허비해야 했다.

12월 20일 오전, 바이어라인은 비조리 인근에서 미군 방어선을 뚫기 위해 공격을 재개했다. 그러나 교도기갑사단의 공격은 격렬한 소화기사격과 미군 포병대의 집중포격으로 다시 한 번 실패를 겪었고, 바이어라인은 할 수 없이 다른 지역을 두들겨보기로 했다. 포싱어전투단과 제26국민척탄병사단 소속 보병부대들 역시 네프 인근에서 더 남쪽으로 진출하기 위해 수차례 공격을 가했으나 번번이 미군의 격렬한 포격에 가로막히고 말았다.

12월 21일, 소중한 기갑전력인 교도기갑사단이 바스토뉴 공격에 무익하게 소모되고 있다는 사실이 분명해졌다. 제2기갑사단이 이미 바스토뉴 북방을 우회하여 진격을 재개한 상태에서, 뤼트비츠는 마침내 바이어라인에게도 제2기갑사단과 마찬가지로 바스토뉴 남방을 우회해도 좋다는 허가를 내렸다. 하지만 뒤에 남아 바스토뉴 공격에 투입될 제26국민척탄병사단의 지원을 위해 하우저전투단(Kampfgruppe Hauser)이 빠지게 되자 뫼즈 강으로 진격하는 교도기갑사단의 전략은 크게 약화되었다.

12월 22일, 어쨌든 교도기갑사단은 팔로이스전투단을 앞세운 채 생위베르(St. Hubert)에서 오르트 강을 향해 진격을 시작했다. 전날 제2기갑사단이 오르트 강을 향해 북방으로 우회했고, 이번에는 교도기갑사단이 남방으로 우회하자 바스토뉴는 이제 완전히 포위되고 말았다.

만토이펠이 바스토뉴 지구에 관심을 기울이는 동안, 크뤼거(Krüger)의 제58기갑군단은 타이유 고원(Tailles plateau)을 돌파하는 데 애를 먹고 있었다. 제112척탄병사단이 3일간의 격전을 치른 끝에 북쪽으로 밀고 올라가는 데 성공했지만, 정작 제116기갑사단은 부실한 교량과 교통체증, 연료부족 때문에 미군 전선에 뚫린 구멍으로 신속하게 전과확대에 나설 수가 없었다. 독일군의 진격에 있어 그와 같은 문제점들은 미군의 저항만큼이나 심각한 방해물이었다.

12월 19일, 계속되는 작전지연에 흥분한 만토이펠은 크뤼거에게 "제116사단장 해임을 고려하고 있다"고 말했다. 그러나 마침 그날 제116사단을 둘러싼 상황이 호전되면서 만토이펠도 생각을 고쳐먹었다. 대부분의 미군부대들이 북으로는 생비트와 남으로는 바스토뉴로 몰리면서 우팔리제 주변의 미군 방어선은 매우 취약해졌다. 아침 일찍 우팔리제를 정찰한 독일군 제116사단 정찰대는 "마을에는 미군이 없으며 다리도 멀쩡한 상태로 남아 있다"고 보고해왔으며, 사단장 발덴부르크는 우팔리제를 남쪽으로 우회하기로 결정했다.

저녁 무렵, 제116사단은 베르토뉴(Bertogne)에 도달하여 마르쉐에서 바스토뉴로 가는 도로를 확보했다. 미군의 저항은 매우 약했으며, 전혀 기계화가 이루어지지 않은 제560국민척탄병사단조차 빠른 속도로 전진하여 우팔리제를 거쳐 북으로 진격할 수 있었다. 이제 제58군단의 진격이 지체되는 문제는 해결되었지만, 이번엔 뤼트비츠가 지휘하는 남쪽의 제47기갑군단이 바스토뉴에서 발목이 잡히는 바람에 이웃 군단의 진격을 따라잡지 못하게 되었다. 그 결과 제58군단의 옆구리가 남쪽으로 훤히 드러나게 되었다.

하지만 독일군의 사기는 여전히 높았다. 당시 상황에 대해 한 독일군 장교는 다음과 같이 기록하고 있다.

"우리는 미군에게 완벽한 기습을 가했고, 미군은 혼란에 빠졌다. 기나

긴 포로의 대열이 동쪽으로 향하고 있으며 많은 미군전차들이 파괴되거나 노획되었다. 우리 병사들(Landsers)은 노획한 담배, 초콜릿, 통조림을 한아름씩 들고 입이 귀에 걸릴 정도로 함박웃음을 짓고 있다."

## | 계획의 재평가 |

12월 18일, 패튼은 룩셈부르크의 사령부에서 브래들리와 만났다. 그 자리에서 "아르덴에서 곤경에 처한 제1군을 돕기 위해 제3군이 무엇을 할 수 있는가"라는 질문을 받은 패튼은 "다음날 당장 2개 사단을 1군 지역으로 이동시킬 수 있고, 24시간 후에는 사단 하나를 더 보내줄 수 있다"고 장담했다. 패튼은 팅크 작전을 포기해야 한다는 사실에 썩 좋은 기분은 아니었지만 결국 얼굴을 찡그리면서 "무슨 상관이야. 어쨌든 독일놈들을 해치우는 건 똑같은데……"라고 말했다.

패튼의 참모들은 진작부터 독일군의 공세를 예상하고 이에 대한 비상계획을 세워두었던 덕택에 이처럼 신속하게 제3군을 아르덴으로 투입할 수 있었다. 그러나 당장 발등에 불이 떨어진 브래들리의 부아를 돋우고 싶지 않았던 패튼은, 브래들리의 참모진은 그렇게 하지 못했다는 사실을 굳이 지적하지 않았다.

다음날, 아이젠하워는 베르됭(Verdun)에서 미군 고위지휘관 전원을 소집하여 회의를 열었다. 패튼이 여느때처럼 시건방진 태도를 보여준 것을 제외하고 회의장의 전반적인 분위기는 매우 어두웠다.

당시 미군의 군사교리는 "적군의 공세로 형성된 돌파구의 양익에서 확실히 버팀으로써 돌파구의 확대를 허용하지 않는 것이 반격작전의 핵심"이라 규정하고 있었다. 또한 당시에 이러한 목표는 그럭저럭 제대로 달성된 것처럼 보였다. 미군은 돌파구 북쪽의 엘젠보른 능선에서 독일군의 거듭되는 공격을 모두 격퇴시키고 있었고, 남쪽에서는 비록 큰 타격을 입긴 했어도 여전히 제4보병사단이 험준한 룩셈부르크 산악지대에서 독일군을 상대로 잘 버텨주고 있었다.

　이러한 상황에서 아이젠하워의 단기적인 목표는 독일군의 뫼즈 강 도하를 저지하는 것이었다. 일단 여타지역에서 증원부대를 끌어모아 뫼즈 강 선(線)의 방어를 공고히 한 이후에 반격을 시작할 생각이었던 아이젠하워는 패튼에게 언제 부대이동을 시작할 수 있는지 물었다. 패튼은 즉각 "이틀 내에, 즉 12월 21일 오전까지 3개 사단으로 구성된 1개 군단을 아르덴으로 출발시킬 수 있다"고 대답했다. 그러나 1개 군단의 이동준비를 이틀만에 마칠 수 있다는 말을 패튼이 늘상 부리는 허세로 생각한 아이젠하워는 "바보같은 소리 말게"라며 일축했다. 회의장에 배석한 다른 지휘관들도 패튼의 주장에 대해 아이젠하워와 비슷한 태도를 보였다. 사실, 눈덮인 한겨울의 전장에서 서쪽으로 진격하던 군단을 북쪽으로 90도 돌려세워

12월 23일, 제3기갑사단의 기갑수색대가 우팔리제 인근에서 독일 제116기갑사단의 흔적을 찾고 있다. 좌측의 전차는 76.2밀리미터 포 장비 신형포탑을 탑재한 M4A1셔먼이고, 우측은 포탑과 전면장갑을 강화한 돌격용 M4A3E2셔먼(통칭 '점보셔먼'-옮긴이)이다. (NARA)

야 하는데다 보급로로 사용될 도로의 여건마저 최악이라는 점을 생각해보면 이런 반응도 무리는 아니었다. 그러나 계속된 회의에서 패튼은 자신의 계획이 모든 조건들을 감안하고 입안되었다는 사실을 분명히 했다. 이제 갓 원수로 진급한 아이젠하워는 패튼에게 이렇게 말했다. "재미있지 않나, 조지! 내가 새로 별을 달 때마다 적이 공격해온단 말야." 이에 패튼은 다음과 같이 대답했다. "그렇지만 아이크. 당신이 공격당할 때마다 내가 구해주지 않았소?" 패튼은 1943년 북아프리카의 카세린 고개(Kasserine

독일군의 공세에 대한 초기의 방어작전에 있어 미군 공병들은 핵심적인 역할을 수행했다. 12월 28일 벌어진 전투 중, 오통 인근에서 M1A1대전차지뢰를 매설하고 있는 제3기갑사단 소속 공병의 모습.(NARA)

Pass)에서 롬멜의 뜨거운 환영식에 박살이 난 미군을 자신이 구해낸 사실을 빗대어 말한 것이었다.

사실 패튼이 정말로 바랐던 것은 독일군이 40~50마일(60~80킬로미터) 정도 뚫고 들어올 때까지 기다렸다가 돌출부의 뿌리를 잘라냄으로써 독일군을 일망타진하는 것이었다. 그러나 또한 패튼은 미군의 고위지휘관들이 그런 대담한 작전을 실행에 옮기기에는 지나치게 신중한데다 특히 지금처럼 혼란스러운 상황에서는 더욱 신중해진다는 사실도 잘 알고 있었다. 그런데 흥미로운 사실은, 이와 같은 패튼의 포위격멸작전계획이 당시 독일국방군 고위지휘관들이 상정하고 있던 '최악의 경우'와 정확히 일치했다는 점이다. 실제로 독일의 모델 원수는, 자신들이 뫼즈 강에 도달하거나 도하할 때까지 미군이 기다렸다가 길게 늘어진 독일군의 측면에 대반격을 가해 B집단군을 포위섬멸하고 서부전선의 전쟁을 종식시켜버리지나 않을까 우려하고 있었다.

12월 20일, 상부로부터 압박에 시달리던 아이젠하워는 제1군과 제9군을 포함한 북쪽 지구의 미군부대 지휘권을 브래들리의 제12집단군으로부터 몽고메리의 제21집단군에게 임시로 넘기기로 결정했다. 표면적인 이유는 독일군이 중요 통신중계거점을 점령했을 경우 룩셈부르크의 브래들리 사령부와 북쪽 부대들 간의 통신이 두절될 위험이 있다는 것이었다. 그러나 사실 이러한 결정에는 제1군 참모진이 아직도 혼란에서 벗어나지 못하고 있으며 브래들리가 그런 문제를 해결할 수 있을 만큼 적극적인 지휘관이 아니라는 사실에 대한 우려도 포함되어 있었다.

브래들리와 몽고메리는 북아프리카에서 시실리에 이르기까지 불화와 반목을 계속해온 사이였다. 게다가 몽고메리는 보병이 부족한 제21집단군의 전력을 강화하기 위해 제12집단군의 부대를 빼내가려고 끈질기게 시도했다. 가뜩이나 미군 참모들이 몽고메리에게 많은 불만을 품고 있던 차에 이와 같은 조치는 거센 반발을 불러일으켰다. 단기적으로는 몽고메리의 적극적인 지휘 스타일이 생비트 돌출부에서 싸우고 있던 미군 장교들에게 깊은 인상을 주기도 했지만, 몽고메리가 휘하의 군단들을 제멋대로 움직이면서 이 조치는 이후 많은 문제를 낳았다.

12월 20일, 몽고메리는 "잡상인을 몰아내기 위해 성전에 들어오는 예수"의 기세로 샤드퐁텐(Chaudfontaine)의 제1군사령부에 도착했다. 하지스로부터 현 상황에 대한 브리핑을 들은 몽고메리는 "부대를 재배치하여 예비대를 확보한 후, 독일군의 공격기세가 한풀 꺾였을 때 이 예비대를 활용하여 반격을 해야 한다"고 말했다. 반면, 미군 장교들은 이런 몽고메리의 의견에 강하게 반발하면서 "한 치도 물러서지 않고 현 전선을 고수하다가 즉각 반격을 가해야 한다"고 주장했다. 결국 몽고메리는 "현재의 미군 배치를 수용하면서 비교적 조용한 제9군 지역에서 콜린스의 제7군단을 빼내어 북부 전선에서 사용할 반격부대를 편성하라"고 명령했다.

몽고메리의 참모들은 하지스가 "도끼로 머리를 한 대 맞은 것처럼" 행동한다고 생각했다. 그러나 다음날 몽고메리가 하지스를 지휘관직에서 해임하려고 들자, 아이젠하워는 몽고메리에게 "인내심을 갖고 기다려보라"고 말했다. 결국 하지스의 해임문제는 유야무야됐지만, 이후 몇 주 동안 하지스가 실망스러운 지휘능력을 보여준 탓에 제1군 참모진은 하지스의 참모장이었던 윌리엄 킨 소장에 크게 의존하게 되었다.

아르덴 북쪽에 주둔하고 있던 제2중(重)기갑사단과 제3중기갑사단에는 "이동을 개시하여 콜린스의 제7군단의 지휘를 받으라"는 명령이 떨어졌다. 제3기갑사단은 제2기갑사단보다 재배치가 용이했고, 따라서 12월 18일 제3기갑사단 A전투단(CCA)은 모(母)사단에서 분리되어 제5군단에 배속되었다. 이 부대는 북부지구의 라글레즈(La Gleize)에서 제1친위기갑사단 라이프슈탄다르테 아돌프히틀러(Leibstandarte Adolf Hitler)의 선봉부대 파이퍼전투단(Kampfgruppe Peiper)과 격전을 벌였다.

사단의 나머지 부대는 12월 20일 오통에 도착했다. 1942년 당시의 기

**위** 12월 23일, 제2친위기
갑사단 다스라이히의 공격
이 시작되기 몇 시간 전, 만
헤이 인근에서 바주카포를
들고 도로차단선을 경비하
고 있는 제3기갑사단 소속
보병의 모습.

**아래** 1944년 12월 23일,
제2친위기갑사단과 미 제3
기갑사단 간의 전투 중 그
랑므닐(Grandmenil)-만헤
이 가도의 도로분기점에서
격파당한 다스라이히사단
소속 판터G형.

갑사단 편제를 따르고 있었던 제2중기갑사단과 제3중기갑사단은 미군의 다른 기갑사단들이 3개 전차대대를 갖추고 있었던 것과는 달리 예하에 6개 전차대대를 보유하고 있었다. 이처럼 전차전력은 강했지만 보병전력은 부족했던 이들 중기갑사단들은 보통 3개 연대 편제의 보병사단들과 짝지어 배치되었다. 2개 전차대대로 구성된 3개의 전투단마다 각각 1개의 보병연대를 배치하여 보다 균형잡힌 전력을 갖추기 위해서였다. 콜린스의 제7군단은 이런 구성에 딱 들어맞도록 신예 제75보병사단과 역전의 제84보병사단이라는 2개 보병사단으로 구성되어 있었다.

1944년 12월 18일, 독일국방군 고위지휘관들 사이에서 일련의 전화통화가 이루어졌다. B집단군 사령관 발터 모델 원수는 요들 및 룬트슈테트와의 개별적인 통화를 통해 "친위기갑사단들은 아예 제대로 전진도 못한 데다 만토이펠의 제5기갑군은 진격속도가 너무 느리니 이번 공세는 실패한 것이나 다름없다"고 말하며 "'싹쓸이 목표'는 이미 물건너갔고, 기갑부대의 선봉대들이 뫼즈 강에 도달하기까지는 아직도 갈 길이 먼 상황에서 '본전치기'나마 할 수 있을지 의심스럽다"는 견해를 피력했다. 이런 분위기는 서서히 베를린의 지휘부에까지 퍼졌다.

위기에 처한 동부전선을 강화할 필요성을 느낀 하인츠 구데리안(Heinz Guderian) 장군은, 어떻게든 아르덴 전선에 투입된 소중한 기갑사단들 중 일부라도 좀 빼내기 위해 1944년 12월 20일 히틀러의 사령부와 서부전구 총사령부(OB West)를 방문했다. 그러나 히틀러는 그 누구의 말도 귀담아들으려 하지 않았고, 오히려 장군들의 비관론을 비웃었다. 예비부대를 전방으로 보내기도 어려운 상황에서 고위지휘부의 불협화음까지 겹치자, 모델은 공세 초점의 전환을 머뭇거릴 수밖에 없었다. 심지어는 디트리히와 제6기갑군의 참모진까지 당시 독일군이 처해 있던 문제를 인정하고 12월 20일 모델에게 "제2기갑사단이 뚫어놓은 돌파구를 최대한 활용하여 전 기갑사단의 진격방향을 디낭으로 돌리든지, 아니면 저항이 완강한 엘젠보른 능선으로부터 제116기갑사단이 진격중인 중앙부의 우팔리제-라로슈-리에주 방면으로 제6기갑군의 공격방향을 돌리자"고 제안했다.

12월 20일 정오경, 후방에 예비대로 남아 있던 제2친위기갑군단은 전선으로 이동하라는 명령을 받았다. 그러나 아직 제1친위기갑군단이 북부지구에서 돌파구를 뚫어낼 수 있을지도 모른다는 실낱같은 희망이 있었던 데다, 제2친위기갑군단을 애초 계획대로 제6기갑군 지역에 투입할지 아니면 만토이펠의 제5기갑군이 거둔 성과를 활용하기 위해 중앙부로 돌릴지에 대해서는 확실한 결정이 내려지지 않은 상태였다. 만토이펠은 나중에 "이 중요한 며칠 사이에, 예비로 빠져 있던 기갑사단 몇 개만 신속하게 투입되었다면 뫼즈 강까지 진출할 수 있는 추진력을 얻을 수도 있었다"고 주장하며, 당시 독일군 지휘부가 보인 우유부단함이 '본전치기'조차 실패하게 만든 주범이었다고 지적했다. 그러나 모델로서도, 미군의 생비트 돌출부를 완전히 제거하기 전까지는 친위기갑사단을 중앙지역으로 돌리고 싶어도 돌릴 공간이 나오지 않는 상황이었다.

크리스마스가 다가오면서 독일군 지휘부는 좀더 낙관적인 견해를 가지게 되었다. 12월 22일자 서부전선 총사령부 정보보고는 "새해가 되기 전에 미 제3군과 7군이 남쪽으로부터 반격에 나설 가능성은 거의 없으며, 독일군 돌출부의 측면에 대한 제한적인 공격도 일주일 후에나 이루어질 것"으로 예상했다. 생비트의 미군 돌출부가 서서히 무너지면서, 독일군 고위지휘부는 제5기갑군의 성공적인 진격을 뒷받침할 수 있도록 제2친위 기갑군단을 북부지구에서 빼내어 중부지구로 재배치하기 위한 조치를 취하기 시작했다.

이리하여 아르덴 공세 전반을 통틀어 최대의, 그리고 가장 치열한 전투들이 벌어질 무대가 마련되었다. 크리스마스까지 계속된 남부지구의 전투는 바스토뉴, 디낭 부근의 뫼즈 강으로 가는 접근로, 그리고 우팔리제 서쪽의 타이유 고원, 이렇게 세 개 주요지역에 집중되었다.

## :: 바스토뉴 방어전

교도기갑사단을 뫼즈 강으로 진격시키자 바스토뉴 주변의 독일군 전력은 크게 줄어들었다. 뤼트비츠가 바이어라인에게 "코코트(Kokott)의 제26국민 척탄병사단을 지원하도록 하우저전투단을 남겨놓고 가라"고 명령하긴 했지만, 그래 봤자 바스토뉴 공략에 나설 수 있는 전력은 강화된 1개 사단뿐이었다.

바스토뉴의 방어를 깨부수려고 이틀 동안 공격을 퍼붓고도 별다른 성과를 거두지 못한 코코트는 여전히 희망을 잃지 않았다. 시브레를 향해 전진하는 사단 수색대대와 동행한 코코트는, 점점 더 많은 미군 병사들이 도시를 빠져나와 아직 독일군이 완전하게 장악하지 못한 남쪽으로 퇴각하고 있다는 증거들을 목격했다. 따라서 만일 바스토뉴를 함락시킬 수 없다 하더라도 숨도 못 쉬게 조여놓을 수는 있다고 생각한 것이다.

12월 20일에서 22일까지, 코코트는 제77척탄병연대를 북쪽과 동쪽에, 하우저전투단은 남쪽에, 그리고 제39척탄병연대는 시브레 인근의 남쪽 측면에 배치하면서 바스토뉴에 대한 포위망을 강화했다. 비록 코코트의 부대가 바스토뉴의 서쪽 측면을 완전히 장악하지는 못했지만, 인접 군단으로부터 제5팔쉬름얘거사단이 순조롭게 진격하고 있다는 소식이 들려옴에 따라 이쪽도 곧 완전히 포위할 수 있을 것으로 예상되었다.

서쪽 측면을 제압한 독일군 부대가 거의 없긴 했지만, 12월 20일 뇌프샤토(Neufchateau)로 가는 도로가 차단되면서 바스토뉴는 완전히 포위되었다. 그 시점까지 로버츠(Roberts) 대령이 지휘하는 제10기갑사단 B전투단, 맥컬리프 준장이 지휘하는 제101공정사단, 그외 잡다한 군단직할대 병력과 다수의 낙오병으로 구성된 바스토뉴의 미군 방어부대는 지휘체계도 제대로 확립하지 못한 상태였다. 이제 바스토뉴의 지휘체계를 일원화할 때라고 생각한 미들턴은 시내에 있는 모든 미군부대의 지휘권을 맥컬리프 준장에게 넘겼다. 여기저기 흩어져 있던 낙오병들은 'SNAFU팀'이라는 이름으로 통합편성되었다. 'SNAFU'라는 팀명은, 약자(略字)를 선호하는 군대문화에 대한 조롱의 의미로 병사들이 지은 것으로서 "상황은 정상임. 모든 게 엉망이니까(Situation Normal All Fucked Up)"라는 말을 줄인 것이었다. SNAFU팀은 여러 개의 순찰대로 나뉘어 바스토뉴 전역의 필요한 장소에 투입되었다. 12월 21, 22일 양일간에 걸쳐 독일군이 부대 재배치를 진행하는 동안 맥컬리프 준장은 효과적으로 방어선을 구축할 시간을 얻을 수 있었다.

12월 22일 11:30시, 2명의 운전병을 대동한 교도기갑사단 장교 2명이 백기를 들고 르몽포스(Remonfosse)-바스토뉴 가도를 따라 걸어왔다. 뤼트비츠의 지시를 받은 이들은 바스토뉴를 방어하고 있던 미군에게 "명예로운 항복"을 제안하기 위해 파견된 사절들이었다. 이들을 발견한 제327글라이더보병연대 전방초소의 병사들은 독일장교들의 눈을 가린 채 맥컬리

12월 19일 오전, 바스토뉴에 새로이 도착한 이윌 대령의 제101공정사단 제501공수보병연대가 바스토뉴로부터 마그레를 향해 행군하고 있다. 그날 이 제501연대의 등장으로 인해, 바이어라인은 교도기갑사단을 신속하게 바스토뉴에 돌입시킨다는 계획을 포기했다.(NARA)

프의 지휘소로 데려갔다. 항복요구를 받자 맥컬리프는 너털웃음을 터뜨리며 "이런 얼간이들(이 개소리를 하네)!(Aw, nuts!)"이라고 말했다. 4일 동안 그토록 치열하게 공격을 퍼붓고도 시내에 발도 못 붙여본 무능한 독일군에게 항복한다는 것은 맥컬리프에게 상상도 할 수 없는 일이었다.

맥컬리프는 공식적인 항복거부 서신을 어떻게 작성해야 할지를 두고 고민에 빠졌다. 그때 참모 하나가 "항복요구를 처음 들었을 때 장군이 보인 반응을 그대로 적는 것이 어떨까요?"하고 말했다. 맥컬리프와 참모들은 실제로 "얼간이들(아 개소리 마라)"라고 타이프를 쳐서 독일군 진영으로 보냈고, 이는 아르덴 전투와 관련된 불멸의 전설이 되었다. 이 답신을 받아든 독일군 사절들은 무척 당황했다. 그때 제327글라이더보병연대장 하퍼(Harper) 대령이 그들에게 말했다.

"만약 '얼간이들'이라는 단어가 무슨 뜻인지 모르겠다면 그냥 '지옥에

나 가라'는 뜻 정도로 이해하면 될 걸세. 그리고 또 한 가지 말해두겠는데, 만약 앞으로도 계속 공격을 해온다면 우리는 바스토뉴로 쳐들어오는 모든 독일군을 죽여버릴 걸세"라고 덧붙였다.

거듭되는 독일 보병부대의 공격을 바스토뉴의 미군이 번번이 격퇴할 수 있었던 데에는 바스토뉴 시내에 집결한 야포대대들의 공이 컸다. 그러나 12월 22일 저녁 무렵이 되자 포병대의 탄약재고가 위험할 정도로 줄어들었고, 그 결과 야포지원에는 엄격한 제한이 가해졌다. 참호선에 들어앉은 미군 공수부대원들과 보병들은 독일군이 개활지에서 마음대로 움직이는 것을 보고 이를 갈았지만 별다른 조치를 취할 수가 없었다.

시간이 지날수록 상황은 더욱 악화되어만 갔다. 한 연대장이 포병지원을 요청하자, 맥컬리프는 이렇게 대답했다. "만약 400명의 독일군이 100

12월 19일 오전, 제506공수보병연대 1대대 병사들이 노빌 인근에서 싸우고 있던 데소브리 팀을 증원하기 위해 바스토뉴를 떠나 포이로 향하고 있다.(NARA)

위 제28보병사단 잔존병력과 기타 잡다한 부대 출신의 낙오병들이 모여 SNAFU 팀을 구성했다. 이 부대는 바스토뉴 전역에서 순찰 및 경비대로 활용되었다. 사진은 12월 20일에 바스토뉴 시내를 순찰중인 제28보병사단 잔존병력들.

아래 12월 26일, 제4기갑사단의 구원부대가 도착하기 직전 촬영된 바스토뉴 시내의 모습. 후방에 보이는 M4A3셔먼전차는 제10기갑사단 소속 전차로 보인다.

야드 안에서 고개를 빳빳이 쳐들고 있다면 포격을 해줄 수 있네. 단 두 발 뿐이긴 하지만."

당시 맥컬리프는 패튼의 제3군이 도착하기 전에 탄약이 먼저 떨어질지도 모른다는 불안감을 가지고 있었다.

이틀간 소규모 접전이 계속된 후, 12월 23일 독일군은 다시 대공세를 개시했다. 그날 오후 늦게 하우저전투단은 서쪽의 제39척탄병연대의 지원을 받아 바스토뉴 남쪽 외곽의 마르뷔를 점령하려고 시도했다. 점점이 흩어진 미군 전초진지 사이사이로 은밀히 침투한 독일군 보병들이 미군 전초선 후방에 자리를 잡자, 2대의 돌격포가 도로를 따라 전진을 시작했다. 하지만 얼마 가지 못해 도로를 가로막고 있는 반궤도차량의 잔해 때문에 돌격포들은 더이상 전진할 수 없게 되었다.

날이 저물자 500고지를 지키던 제327글라이더보병연대 G중대 병력이 독일군의 공격에 압도당했고, 독일군은 마르뷔로 공격해 들어왔다. 오하라 특임대로부터 파견된 두 대의 M4전차가 마을 내로 밀고 들어오는 독일군을 간신히 저지하긴 했지만, 독일군은 한밤중까지 치열하게 공격을 퍼부었다.

사력을 다한 미군의 저항에도 불구하고, 날이 밝자 마을의 남쪽 부분이 독일군의 손에 떨어지고 말았다. 그러나 하우저전투단 역시 마을에 겨우 발을 걸쳤을 뿐, 더 많은 기갑차량들을 밀어넣을 수는 없었다. 마르뷔 마을 외곽은 울창한 숲으로 둘러싸여 있었고, 마을로 들어가는 도로는 하나밖에 없었다. 기갑부대를 운용하기에는 여러모로 조건이 좋지 않았던 것이다.

12월 22일과 23일 사이의 밤에 '러시아 고기압(Russian High)'이라 불리는 고기압전선이 추운 날씨와 함께 쾌청한 하늘을 몰고왔다. 이러한 기상변화는 전쟁의 향방을 완전히 바꿔놓았다. 다음날 오전, 16대의 C-47수송기들이 바스토뉴 상공에 나타나 보급물자를 투하했다. 포위된 미군에게 공중보급이 시작된 것이다. 그날 해질녘까지 총 241대의 항공기들이 바스

**1944년, 바스토뉴의 크리스마스(108~109쪽)**

크리스마스 새벽, 제15기갑척탄병사단 마우케전투단(Kampfgruppe Maucke)이 바스토뉴 북쪽 측면을 지키고 있던 제502공수보병연대■1■와 제327글라이더보병연대의 방어진지를 공격해왔다. 이후 바스토뉴 외곽의 숲과 마을 일대에서 치열한 격전을 벌인 끝에 미군은 독일군의 공격을 격퇴시켰다.

그림은 전투가 끝난 후 공수부대원들이 독일군의 재공격에 대비하여 진지를 강화하고 있는 모습이다. 벌지 전투에 참가한 대부분의 미군 병사들은 오랜 시간이 지난 뒤에도 개인호에서의 비참한 생활을 생생하게 기억했다. 당시 대부분의 부대들이 며칠에 한 번씩 이동하는 것은 당연한 일이었다. 심할 경우에는 하루에도 몇 차례나 이동하는 경우도 있었으며, 부대가 이동할 때마다 병사들은 새로 개인호를 파고 방어선을 구축해야 했다■2■. 독일군 보병의 공격에 대해 개인호는 매우 유용한 방호물이 되어 주었다.

아르덴 전투에서 미군과 독일군 양측의 사상자 발생원인 중 가장 큰 비중을 차지했던 포병사격에 대해서도 참호는 효과적인 방어수단이었다. 숲지대에서 당하는 포격은 특히 최악이었는데, 포탄이 폭발하면서 치명적인 나무조각 파편들을 사방으로 날려대기 때문이다. 설사 죽지 않고 부상만 당하는 경우에도■3■, 위생병이 작은 나무조각 파편을 찾아내어 일일이 제거하기란 매우 어려웠기 때문에■4■ 치명적인 감염으로 이어지기도 했다. 이 나무조각 파편으로부터 몸을 지켜주는 가장 효과적인 수단 역시 참호였다.

미 육군은 일반적으로 두 사람이 들어가 서 있을 수 있을 정도의 깊이로 2인호를 팠다. 그러나 한 부대가 어느 한 지역에 일정기간 머무르게 될 경우에는 두 종류의 호를 구축했다. 하나는 전투를 위해 깊이 판 개인호였고, 다른 하나는 수면 및 휴식용으로 좀더 얇고 넓게 파서 가능하면 통나무로 위를 덮은 참호였다.

미군 병사들은, 전쟁 전부터 사용되던 T자 모양 손잡이의 야전삽이나 삽날 부분이 접히는 후기형 M1943야전삽■5■를 지급받았다. 둘 다 땅을 파는 데 그다지 효과적인 도구는 아니었고, 나무뿌리가 여기저기 뻗어 있거나 단단하게 얼어붙은 땅을 파야 하는 경우에는 더욱 그랬다.

제101공정사단은 몇 달 동안이나 네덜란드에서 격전을 치르고 제대로 휴식을 취할 틈도 없이 서둘러 아르덴 지역에 배치되었다. 이 무렵이 되면, 공수부대 특유의 전투복보다는 일반 미군 보병과 같은 전투복을 입는 경우가 많았다. 이런 경향은 새로 교체되어 들어온 신병들이나 글라이더보병의 경우에 더 심했다.

1944년에서 1945년으로 넘어가는 겨울 동안, 아르덴 지역에서 싸운 미군에게 특히 문제가 되었던 것은 바로 적절한 동계피복의 지급준비가 되어 있지 않았다는 점이었다. 그중에서도 더욱 심각했던 것은 방수기능을 갖춘 방한화의 부족이었고, 눈밭에서 일반군화를 신고 버텨야 했던 수많은 미군 보병들은 결국 참호족염에 걸리고 말았다.

후방에는 불타고 있는 2대의 4호전차(PzKpfw IV)들이 보인다■6■. 비록 대형 판터전차의 명성에 가리긴 했지만, 4호전차는 독일국방군 보병에게 있어 '머슴'과 같은 든든한 존재였으며 아르덴 전투에 투입된 독일전차들 가운데 가장 많이 사용된 전차였다.

미군 쪽 숲의 나무들 사이에 보이는 차량은 M18헬캣76.2밀리미터대전차자주포이다■7■. 이 대전차자주포는 제2차 세계대전 당시 가장 빠른 궤도식 전투차량이었는데, '수색, 공격, 격파'라는 대전차자주포부대의 신조를 잘 구현할 수 있도록 설계되었다. 그러나 실제로 전투에 투입될 무렵에는 이미 헬캣의 주포(主砲)로는 판터전차나 70구경75밀리미터포를 장착한 4호구축전차와 같은 신세대 독일전차들을 도저히 상대할 수 없는 상황이 되어 있었다. 그래서 1944년~45년 겨울 동안, 미군은 보다 강력한 90밀리미터포를 장비한 M36잭슨대전차자주포를 선호하게 되었다.(피터 데니스)

공중보급은 바스토뉴 방어에 핵심적인 역할을 수행했다. 제434항공수송연대 제73수송대대(73rd Troop Carrier Squadron, 434th Troop Carrier Group) 소속 C-47기들이 바스토뉴 인근에 보급물자를 투하하고 있다.(NARA)

토뉴 상공에 나타나 441톤에 달하는 보급물자를 떨구고 갔다. 다음날에는 160대의 항공기들이 총 100톤의 물자를 보급했다.

이제는 더이상 남쪽에서 바스토뉴를 공격해봤자 소용이 없다고 판단한 코코트는 만토이펠에게 "다음에는 미군 방어선 중에서 가장 취약하다고 여겨지는 북서부를 공격해보자"고 제안했다. 바스토뉴 북서쪽 측면은 전차를 운용하기에 훨씬 용이한 지형인데다 날씨가 추워지면서 지면도 단단히 얼어붙었기 때문에, 가용한 모든 기갑전력을 투입해 공격을 한번 해

**위** 12월 27일, 제101공정
사단 장병들이 바스토뉴 지
역에 투하된 보급물자를 회
수하고 있다.

**아래** 탄약 유폭이 어떤 재
앙을 가져올 수 있는지를
잘 보여주는 사진이다. 사
진 속의 4호전차는 제15기
갑사단 마우케전투단 소속
으로, 크리스마스에 바스토
뉴 북부에서 제101공정사
단과 벌어진 전투 중 격파
되었다.

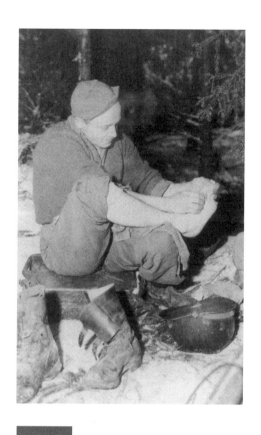

아르덴 전투 중에 발생한 미군 부상자들 중 상당수는 참호족염의 희생자였다. 참호족염은 발을 적절히 관리하면 예방할 수 있었다. 바스토뉴 방어전이 한창일 무렵, 양말까지 벗은 채 발을 말리고 있는 제327글라이더보병연대 소속 상병의 모습.

보자는 것이었다. 그러나 사실 그 부근은 미군이 가장 강력하게 방어하고 있던 곳이었다. 어쨌든 코코트의 결연한 의지에 감동한 만토이펠은 이번 공격을 위해 제15기갑척탄병사단을 코코트 휘하에 배속시켜 주겠다고 약속했다.

얼마 전 이탈리아 전선에서 이동해온 제15기갑척탄병사단은 경험도 풍부하고 장비도 비교적 충실히 갖추고 있는 부대였다. 공격은 크리스마스에 감행하기로 결정되었고, 만토이펠은 "어떤 대가를 치르고라도 바스토뉴를 점령하라"는 히틀러의 메시지를 전했다.

크리스마스 이브의 자정 무렵, 제15기갑척탄병사단의 선도부대들이 바스토뉴 북쪽 지역에 도착했다. 이 증원부대에는 2개 보병대대, 30여 대의 전차와 구축전차로 구성된 1개 전차대대 및 2개 야포대대로 이루어진 마우케전투단(Kampfgruppe Maucke)도 포함되어 있었다. 그러나 날씨가 맑아지자 상공에는 미군전폭기들이 우글거리게 되었고, 이들로부터 공격을 받을까 두려웠던 코코트는 한밤중에 공격을 개시하기로 결정했다. 전선에 도착하여 공격에 투입될 때까지 시간적인 여유가 거의 없었던 제115기갑척탄병연대의 병사들은 대부분 전차에 편승하여 공격지역으로 이동했다.

맥컬리프가 독일군의 공격을 알게 된 것은 크리스마스 새벽 03:30시에 롤(Rolle)을 지키던 제502공정연대 A중대가 "독일군들이 몰려온다"는 보고를 마지막으로 통신이 끊기면서부터였다. 제502연대본부는 예하 중대들에 비상을 걸고 즉시 증원부대를 롤로 보내라는 명령을 내렸다. 그러나 해당 대대본부에서는 칠흑같은 어둠 속에 마구잡이로 병력들을 밀어넣기보다는 실제로 독일군이 공격을 해오고 있는지, 실제로 공격해오고 있다면 규모는 어느 정도인지를 먼저 확인하고자 했다.

새벽이 되면서 제502공정보병연대와 제327글라이더보병연대 방어구역의 접점 부근에 마우케전투단 소속 전차들이 모습을 드러내자, 이제 독일군이 공격에 나섰다는 것이 분명해졌다. 독일군의 공격은 크게 세 갈래로 나뉘어 이루어졌다. 첫째는 제15기갑척탄병사단의 샹(Champs)과 에므롤(Hemroulle) 사이의 간격에 대한 공격이었고, 둘째는 중앙의 샹으로 가는 도로를 따라 이루어진 제99척탄병연대의 공격, 셋째는 05:00시경에 제77척탄병연대 소속 보병들이 샹과 롱샹(Longchamps) 사이의 숲지대를 뚫

루스트몰흐(Lustmolch: Happy Salamander)라는 이름이 붙은 4호전차의 모습. 이 전차는 제15기갑사단 마우케전투단 소속으로, 크리스마스에 벌어진 미 제502공정연대와의 전투 중 샹 인근에 유기되었다.

고 들어가면서 시작된 보다 작은 규모의 공격이었다.

그 중 가장 위협적인 공격은 제327글라이더보병연대 A중대를 깔아뭉 갠 독일전차대의 공격이었다. 그러나 전차와 함께 돌격했던 선두의 독일군 기갑척탄병들이 미군을 참호에서 완전히 몰아내지 못하는 바람에, 도보로 A중대 진지에 접근하던 후속 기갑척탄병들은 미군의 치열한 소화기사격을 덮어쓰게 되었다.

제15기갑척탄병사단의 전차대는 둘로 나뉘어, 일부 전차들은 에므롤로 향하고 다른 전차들은 제502공수보병연대 B중대의 후방을 위협했다. 제705대전차자주포대대 소속의 M18헬캣대전차자주포 2대가 진격해오는 독일군 전차를 몇 대 격파하는 데 성공했으나, 이들도 곧 격파당하고 말았다. 하지만 웬일인지 독일군 전차들은 제502공수보병연대 C중대가 방어하는 숲지대에 도달하기 직전에 북쪽의 샹으로 방향을 돌렸고, 그 덕에 미군 공수부대원들과 제705대전차자주포대대 소속 2대의 M18헬캣대전차자주포는 독일전차들의 취약한 측면을 두들길 수 있었다. 전차에 편승하고 있던 독일군 기갑척탄병들은 격렬한 소화기사격에 큰 타격을 입었으며 4호전차 3대는 대전차자주포의 사격에, 2대는 근거리 바주카포에 각각 격파당하고 말았다. 홀로 샹까지 뚫고 들어갔던 4호전차 1대는 57밀리미터 대전차포와 바주카포 사격을 덮어쓰고 멈춰섰다.

제327글라이더보병연대 방면으로 향했던 전차들과 기갑척탄병들은 훨씬 더 뜨거운 환영을 받았다. A중대와 B중대 사이에는 4대의 대전차자주포가 배치되었고, C중대는 독일군의 공격이 시작되기 직전 M4전차 2대의 증원을 받았다. 만반의 준비를 갖추고 있던 미군진지를 공격해 들어간 독일군 전차들은 말 그대로 '전멸'하고 말았다. 2대는 105밀리미터곡사포의 영거리사격에 박살이 났고, 나머지는 대전차자주포와 바주카포에 차례로 격파당했다. 공격을 시작했던 18대의 4호전차는 모두 격파되었으며, 분승한 기갑척탄병들도 대부분 사살되거나 포로로 잡혔다.

크리스마스 대공세가 대참패로 끝난 후, 독일군은 패튼의 구원부대가 도착할 때까지 두 번 다시 대규모 공격을 시도할 엄두조차 내지 못했다.

## | 항공전 |

아르덴 공세 첫주 동안에는 날씨가 너무 안 좋았기 때문에 독일공군은 전투에 별다른 영향을 미칠 만한 활동을 할 수가 없었다. 공세 첫날 겨우 170회의 출격을 기록했을 뿐이다. 하지만 12월 17일이 되자 독일공군은 기총소사 임무를 포함하여 600회의 주간출격을 기록했고, 밤에도 야간전투기들을 동원하여 리에주와 같은 주요 통신거점들을 목표로 250여 회에 이르는 지상공격 임무를 수행했다. 원래 독일공군은 주간에 항상 최소 150대의 전투기들을 아르덴 상공에 띄워두고 지상의 기갑부대에 항공엄호를 제공한다는 계획을 세웠으나, 계획대로 전투기가 떠 있는 날은 거의 없었으며 그나마 출격횟수도 점점 줄어들었다.

악천후로 인해 근접지상지원 작전을 제대로 수행할 수 없기로는 미 제9공군(9th Air Force) 역시 마찬가지였다. 게다가 그동안 씨가 마른 것처럼 보였던 독일전투기들이 전장 상공에서 대규모로 활동하는 바람에 미군항공대는 제대로 활동할 수가 없었다. 제9공군 예하의 2개 전술공군사령부(TAC)도 아르덴 공세 첫주에 하루 450회 정도의 출격을 기록했을 뿐이었다. 그리고 이마저도 대부분 적 전투기 소탕에 집중되어 지상지원은 거의 이루어지지 못했다.

12월 23일, 날씨가 개자 제9전술공군사령부(IX TAC)와 제39전술공군사령부 소속 전폭기들이 대거 출격하여 총 669회의 지상지원 임무를 수행했다. 제9폭격사령부(IX Bomber Command) 소속의 중(中)폭격기들은 독일군의 보급선에 대해 후방차단임무를 수행했으나 독일전투기들의 치열한 저항에 부딪혔고, 그 결과 작전에 참가한 총 624대의 폭격기 가운데 35대가 격추되고 182대가 손상을 당하는 큰 피해를 입고 말았다.

12월 19일, 제353전투비행대(353rd Fighter Squadron)는 제116기갑사단 사령부를 폭격하려고 시도하던 중 40대에 이르는 독일전투기들의 공격을 받았다. 이어진 공중전에서, 비록 수적으로는 불리했지만 훨씬 더 노련했던 미군 조종사들은 3대의 P-47썬더볼트를 잃은 대신 9대의 독일전투기를 격추했다. 사진은 벌지 전투기간 중 로지에르 (Rosieres)의 비행장에서 촬영된 로이드 오버필드(Lloyd Overfield) 중위의 P-47D '빅제이크(Big Jake)'이다. 오버필드 중위는 이 기체로 이날 2대의 격추를 기록했다.

상황을 근본적으로 타개하기로 마음먹은 미군은 지상지원 작전을 시작하기 전에 독일공군을 먼저 손봐주기로 결정했다. 크리스마스 이브, 미군은 제8공군까지 동원하여 라인강 인근의 12개 독일군 비행장에 대해 1,400회에 이르는 폭격 임무를 수행했다. 그 결과 12개의 독일군 비행장 중 4개는 경미한 손상을, 나머지 8개 비행장은 평균 8일 정도 기능이 정지될 정도로 큰 피해를 입었다.

크리스마스에는 미군이 8월의 팔레즈 포위전 이래 최대의 항공활동을 보이며 4,281회의 전투기 출격을 포함, 총 6,194회에 이르는 전술지원 출

### 보덴플라테 작전 1945년 1월 1일(118~119쪽)

1945년 1월 1일 09:30시, 독일공군은 오랫동안 연기되어왔던 연합군 비행장에 대한 대규모 공습작전, 암호명 '보덴플라테(Bodenplatte, baseplate: 쟁반) 작전'을 개시했다. 이 작전에는 히틀러의 비밀병기 중 하나인 Me-262A-2a슈발베제트전폭기 **1**를 장비한 제51폭격항공단 (KG51: Kampfgeschwader 51)도 투입되었다. 총 21기의 Me-262전투기가 네덜란드의 아인트호벤(Eindhoven)과 헤슈(Heesch)의 영국군 비행장 공격에 참가했다. 그 중 아인트호벤 공격은 제3전투비행단(JG3: Jagdgeschwader 3) 소속 Bf-109기와 FW-190기 **2**의 합동으로 이루어졌다. 아인트호벤 공격은 헤슈에 대한 공격보다 더 성공적으로 이루어졌으며, 아인트호벤 비행장에 있던 총 3개 비행대의 타이푼(Ty-phoon) **3**과 스핏파이어(Spitfire) 50여 대를 파괴하거나 대파하는 전과를 거두었다.

제6전투비행단(JG6)의 지원을 받아 이루어진 헤슈 공격은 별다른 효과를 거두지 못했고, 오히려 1대의 Me-262가 연합군 대공포에 격추당했다. 제51폭격항공단은 당시 전폭기 타입의 Me-262를 운용하던 주요 부대였는데, 1944년 말의 Me-262 출격횟수의 대부분을 기록했다.

KG51의 제1비행대(I Gruppe)는 라인(Rhein)과 홉슈텐(Hopsten) 기지에서 작전활동을 벌였으며, 제2비행대는 헤제페(Hesepe) 비행장을 기지로 삼아 활동했다. Me-262전폭기는 아르덴에서 지상공격 임무에 계속 사용되었으나, 무유도폭탄을 저공에서 고속으로 투하하는 일이 얼마나 어려운지를 생각해보면, 이 전폭기들이 이런 임무에 특별히 효과적이었던 것으로 보이지는 않는다. 제51폭격항공단은 1944년 12월 아르덴에서 작전하는 동안 총 5대의 Me-262를 상실했다. 그 가운데 4대는 연합군 전투기에 의해, 1대는 대공포화에 각각 격추당했다.

전폭기 타입의 Me-262의 유래에 대해서는 많은 설이 있다. 이 기체는 애초에 전투기로 설계되었지만, 히틀러는 이를 전폭기로도 사용할 것을 고집했다. 전폭기 타입의 Me-262는 기체 하면에 2개의 550파운드 폭탄 **4**을 탑재할 수 있었으며, 항속거리를 연장하기 위해 보조연료탱크도 탑재할 수 있었다. 하지만 원래 4문이 장착됐던 30밀리미터기관포는 중량 경감을 위해 나중에 2문으로 줄어들었다 **5**.

속도가 너무 빨랐던 Me-262는 저공에서, 혹은 얕은 각도로 하강하면서 폭격하는 경우를 제외하고는 조종사가 폭격타이밍을 맞추기가 매우 어려웠으므로 이상적인 전폭기와는 거리가 먼 기체였다. 이 기체는 1944년 7월에 프랑스에 있던 쉥크시험비행분견대(Test Detachment Schenk)에 최초로 배치되었고, 쉥크분견대는 1944년 8월 중순에 제51폭격항공단 제1비행대가 되었다. 쉥크분견대에 배치된 소수의 Me-262는 8월 중 가끔씩 연합군에 대한 지상공격 임무를 수행했는데, 그 중 1대는 1944년 8월 28일 미군의 P-47전투기에 의해 브뤼셀 인근에서 강제착륙당하기도 했다.

그림 속의 Me-262A-2a는 제51폭격항공단 특유의 도장을 하고 있다. 꼬리와 기수 끝에는 제51폭격항공단 소속임을 보여주는 흰색 도장 **6**을 하고 있다. 동체 측면의 부대번호 **7**는 4글자로 이루어져 있다. 그림 속의 9K-CP와 같은 경우, '9K'는 제51폭격항공단을, 크게 확대된 세 번째 글자 'C'는 개별 비행기의 고유번호이며, 마지막 글자는 중대번호(H, K, L, M, N, P)를 나타낸다. 기체 자체의 위장도색은 당시의 표준을 따르고 있다. 하면은 RLM76의 옅은 하늘색이며, 기체 상부는 RLM81갈보라색과 RLM82암녹색으로 칠해져 있고, 기체 측면에서 하부의 하늘색 도장과 상부의 위장 도색이 만나는 부분은 불규칙한 반점 형태로 겹쳐지도록 스프레이로 도장되어 있다.(하워드 제라드)

격을 기록했다. 훗날 제5팔쉬름얘거사단의 루트비히 하일만(Ludwig Heil-mann) 대령은 그날의 연합군 항공활동을 회상하며 다음과 같이 언급했다.

"연합군 전폭기들의 공격에 파괴되어 불타는 차량들이 바스토뉴에서 서부방벽에 이르는 도로상에 가득 늘어서 있었다. 연합군 항공세력이 본격적으로 활동을 시작한 12월 25일, 아르덴 공세의 실패는 돌이킬 수 없는 기정사실이 되었다는 것을 말단병사들까지 느끼고 있었다."

그러나 독일공군으로서는 이런 상황을 어떻게 해볼 도리가 없었다. 제대로 훈련받지 못한 이들이 태반이었던 독일공군 조종사들은 수적으로도 압도적인 미군전투기들에게 추풍낙엽처럼 격추당했다. 연합군 조종사들은 12월 17일에서 27일에 이르는 기간에 총 718대의 독일군 항공기를 격추시켰다고 주장했다. 같은 기간에 연합군은 독일군 전투기에 의해 111대의 항공기를 잃었고 307대를 다른 여러 이유로 상실했다. 전후 영국공군 전사가들은 당시 독일공군에 대해 다음과 같이 언급했다.

"당시 독일공군은 정비부실이 만연해 있었고, 조종사들은 활주로에서 이륙하자마자 어떻게든 임무를 수행하지 않고 빨리 귀환하기 위한 작은 구실이라도 찾아내려고 혈안이 되어 있었다. 날씨가 갠 후 12월 24일~27일 4일간에 걸쳐 연합군 항공세력의 맹공이 시작되었지만, 훈련부족은 차치하더라도 많은 독일군 조종사들은 이에 맞서 싸울 의욕조차 상실한 상태였다."

12월 23일에서 27일에 이르는 기간에, 독일공군은 346명의 전투기 조종사들을 잃었다. 크리스마스 이브에는 하루만에 106명의 조종사들을 잃어, 그렇지 않아도 많은 손실을 입은 12월 중에서도 최악의 손실을 기록했다.

1월 초가 되자, 연합군은 아르덴 지역에 대해 1만 6,600회의 전술지원 출격을 포함하여 총 3만 4,100회에 이르는 출격횟수를 기록했다. 반면에 같은 기간 동안 독일공군은 겨우 7,500회 출격에 그마저도 지상공격 임무는 거의 없었기 때문에, 독일육군으로서는 독일공군의 활동이 증가했다고

해서 특별히 도움이 되는 것도 아니었다.

서부전선에서 독일공군이 시행한 최후의 본격적인 항공작전은 1945년 1월 1일 제2항공군단(Jagdkorps 2)이 감행했던 '보덴플라테(Bodenplatte) 작전'이었다. 하지만 이 작전은 원래 2주 전에 시행하기로 예정되어 있던 것이었다. 보덴플라테 작전의 요지는 서부전선에서 사용할 수 있는 모든 항공기를 끌어모아 연합군 항공기지를 공격한다는 것이었다. 선도기들을 포함하여 총 1,035대의 항공기가 이 작전에 투입되었다.

이 작전에서 독일군은 방심하고 있던 벨기에와 네덜란드 지역의 연합군 항공기지를 기습하는 데 성공, 지상에서만 144대의 미군 및 영국군 항공기를 격파하고 62대에 손상을 입혔으며, 공중전으로는 70대를 격추시켰다. 그러나 승리의 기쁨도 잠깐, 독일군도 재기불능의 손실을 입었다. 독일공군은 공격에 참가한 총 기체 수의 3분의 1에 이르는 304대의 항공기를 상실했는데, 그 가운데 85대는 어처구니없게도 독일군의 대공포에 격추당한 것이었다. 총 214명의 독일 조종사가 전사하거나 포로로 잡혔으며, 그 가운데는 3명의 비행단 사령관, 6명의 비행대 지휘관 전원, 그리고 11명의 비행중대장이 포함되어 있었다.

이런 손실은 그렇지 않아도 숙련 조종사 부족에 시달리던 독일공군에게 회복불능의 타격을 주었다. 보덴플라테 작전에서 입은 손실로 인해 독일공군은 이후 서부전선에서 제대로 된 항공작전을 펼칠 수 없었다. 반면, 연합군의 경우 손상된 기체는 보급소로부터 즉시 보충받을 수 있었고 조종사 손실도 매우 경미했다.

## :: 패튼의 역습

12월 19일, 패튼의 제3군은 예하 제3군단을 아를롱으로 이동시키기 시작했다. 북쪽을 향한 이 공격의 선두에 선 것은 패튼이 총애하던 제4기갑사

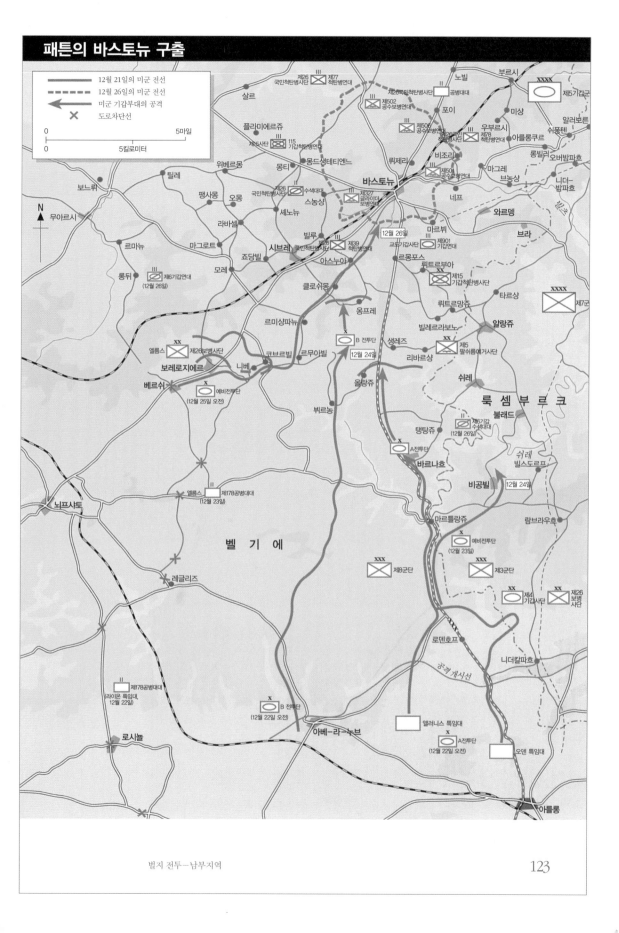

12월 21일의 미군 전선
12월 26일의 미군 전선
미군 기갑부대의 공격
도로차단선

0       5마일
0       5킬로미터

제26국민척탄병사단   제77 척탄병연대
살르
제26국민척탄병사단
공병대대   노빌   부르시
제5기갑군
플라미에르쥐
제502 공수보병연대
포이   미상
알러롱쿠르
쉬폰텐
제15사단   115 기갑척탄병연대
제506 공수보병연대
우부르시   아를롱쿠르
제78 척탄병연대
위베르몽   몽티
제26국민척탄병사단   수색대대
몽드생테티엔느
뤼제리   비조리
마그레
제90 공수보병연대
브농상
니더-밤파흐
틸레
팽사몽   오몽   셰노뉴
스농샹
바스토뉴
제327 글라이더 보병연대
네프
무아르시   라바셀
빌루   제26국민척탄병사단
제39 척탄병연대
마르뷔
12월 26일
와르뎅
브라
르마뉴   마그로트   죠당빌   시브레
아스누아
교도기갑사단   제901 기갑연대
르몽포스
뤼트르부아
제15 기갑척탄병사단
타르샹
제7군
롱뒤   제6기갑연대 (12월 26일)
모레
클로쉬몽
뤼트르망쥐
르미샹파뉴   옹프레
빌레르라보노
알랑쥐
엘룸스   제26보병사단
쿠브르빌   르무아빌
X B 전투단
12월 24일
생레즈   제5 팔쉬름얘거사단
리바르상
보레로지에르   니베
쉬레
룩셈부르크
블래드
베르쉬   X 예비전투단 (12월 25일 오전)
뷔르농
올랑쥐
제6기갑 수색대대 (12월 26일)
탱탕쥐
쉬레 빌스도르프
X A전투단
바르나흐
12월 24일
뇌프샤토   엘룸스   제178공병대대 (12월 23일)
비공빌
람브라우흐
벨기에
마르틀랑쥐
X 예비전투단 (12월 23일)
제8군단
제3군단
제4 기갑사단   제26 보병사단
레글리즈
로덴호프
니더칼파흐
제178공병대대 (라이온 특임대, 12월 22일)
X B 전투단 (12월 22일 오전)
공격 개시선
아베-라-누브
엘러니스 특임대
X A전투단 (12월 22일 오전)
로시뇰
오덴 특임대
아를롱

단이었다. 그 뒤를 3개 야포연대가 증원된 제26사단과 제80사단이 후속했다. 12월 21일 오후, 3개 사단 전부를 동원해 공격에 나선 제3군단은 3~5마일 정도를 전진할 수 있었다. 다음날, 제4기갑사단은 동쪽 측면의 제26사단과 나란히 진격하면서 바스토뉴에서 13마일 떨어진 마르틀랑쥐(Martelange)에 도달했고, 제80사단은 하이더샤이트(Heiderscheid)를 점령했다.

제3군단이 바스토뉴로 접근함에 따라 독일군의 저항도 더욱 거세졌다. 12월 23일, 겨우 바스토뉴 남쪽 외곽에 도착한 브란덴베르거의 제7군 예하 제5팔쉬름애거사단은 "아를롱에서 마르뷔를 거쳐 바스토뉴로 향하는 도로를 수비하라"는 명령을 받았다. 미 제4기갑사단 A전투단은 바로 이 도로를 따라 전진하다가 리바르샹(Livarchamps)에서 독일군의 격렬한 저항에 부딪혀 진격이 정지되고 말았다. 독일군의 저항이 아를롱–마르뷔–

패튼의 제3군이 브란덴베르거의 제7군을 공격해 들어가면서 12월 23일, 룩셈부르크 국경 일대에서는 미 제80사단과 총통척탄병여단(Führer Grenadier Brigade)의 지원을 받는 제352국민척탄병사단 사이에 치열한 전투가 벌어졌다. 사진 속의 제319보병연대 2대대 소속 미군 병사들이 살펴보고 있는 3호 돌격포는, 그로부터 며칠 후에 하이더샤이트에서 촬영된 것이다.

**위** 크리스마스 이브에 총
통척탄병여단이 하이더샤이
트의 제80사단에 공격을
가해왔다. 사진은 공격과정
에서 미군에게 격파당한 3
호돌격포(좌측 후방)와 하노
마그반궤도장갑차의 모습.
사진 속의 하노마그는 20밀
리미터기관포탑을 장비한
SdKfz251/17형으로, 매우
진귀한 사진이다.(NARA)

**아래** 바스토뉴 해방을 위한
패튼의 공세중 12월 24일에
촬영된 독일 제352국민척탄
병사단 제914척탄병연대
1대대 소속 독일군 포로들.
이들은 메르치히(Merzig)
인근에서 미 제80보병사단
제319보병연대에게 포로로
잡혔다.(MHI)

바스토뉴 통로에서 가장 거셀 것으로 예상되자 다른 두 전투단은 다른 길을 택했다. B전투단(CCB)은 아베-라-누브(Habay-la-Neuve)로부터 야지를 가로질러 전진했으나 역시 옹프레(Hompré) 부근에서 독일군에게 발이

묶이고 말았다.

크리스마스에는 예비전투단(CCR)이 배치되어 공격을 시도했다. 예비전투단은 서쪽으로 30여 마일을 행군한 뒤, 바스토뉴의 남서부로 이어지는 협소한 코브르빌-아스누아(Cobreville-Assenois) 가도를 따라 공격을 시작했다. 12월 26일 오전이 되자, 예비전투단은 제4기갑사단의 3개 전투단 중 바스토뉴에 가장 가깝게 접근한 부대가 되었다. 이 부대는 오후에 접어들자 치열한 전투를 치뤄가며 바스토뉴 방어진으로부터 얼마 떨어지지 않은 거리까지 접근해 들어갔다.

16:10시, 윌리엄 드와이트(William Dwight) 대위의 지휘하에 제37전차대대 C중대와 제53기계화보병대대 C중대로 구성된 특임대가 아스누아(Assenois)에 대한 공격을 시작했다. 미군전차들의 경우, 포격이 채 끝나기도 전에 마을로 돌입해 들어간 덕분에 독일군의 저항을 거의 받지 않았다. 그러나 포격이 끝나자 마을을 지키고 있던 독일군들은 곧 정신을 차렸고, 특임대의 반궤도장갑차 밑으로 텔러대전차지뢰(Teller Mine)를 던져넣으며 치열하게 저항했다. 독일군은 지뢰를 사용하여 미군의 반궤도장갑차 1대를 날려버리고 판처파우스트대전차로켓으로는 3대를 격파했다. 그러나 치열한 시가전 끝에 미군은 결국 마을의 독일군을 소탕하는 데 성공했으며, 그 과정에서 428명의 독일군을 포로로 잡는 성과를 올렸다.

해질 무렵, 드와이트 대위는 바스토뉴 외곽에서 제101공정부대를 지휘하고 있던 맥컬리프 준장의 환영을 받았다. 자정 직후부터 드와이트의 특임대는 다시 아스누아 북쪽의 숲지대를 공격, 03:00시에는 아스누아 가도를 개통시켰다. 이제 미군 차량들이 바스토뉴로 들어갈 수 있는 길이 열린 것이다.

그날 오후, 제37전차대대 D중대 소속 경전차들의 호위를 받으며 40대의 보급차량과 70대의 앰뷸런스가 바스토뉴에 도착했다. 일단 제4기갑사단 예비전투단이 독일군의 포위를 뚫고 바스토뉴에 도착하긴 했지만, 이후에도 미군 전선과 바스토뉴 간의 회랑을 확대하고 안정시키는 데에는 며칠이 더 걸렸다. 그러나 예비전투단이 파고들어온 지역은 애초에 독일군의 포위망 중에서도 밀도가 가장 떨어지는 부분이었고, 이 회랑이 심각하게 위협받는 일은 단 한 번도 없었다.

**위** 벌지 전투의 대표적인 이미지 중 하나이다. 1944년 12월 27일, 바스토뉴 외곽의 들판에서 제4기갑사단 제10기계화보병대대 소속 병사 2명이 목표를 조준하고 있다.(NARA)

**아래** 12월 27일, 제4기갑사단 제10기계화보병대대의 1개 중대가 바스토뉴로 접근하고 있다. 멀리 폭발이 일어나고 있는 것이 보인다.

비록 바스토뉴와 미군 전선이 다시 연결되었다고 해서 바스토뉴를 둘러싼 전투가 완전히 끝난 것은 아니었지만, 이제 전국(戰局)의 주도권이 미군에게 넘어오고 있다는 사실만은 분명해졌다.

## | 타이유 고원의 전투 |

12월 22일과 23일 사이의 밤에, '러시아 고기압'이 다가오자 비에 젖어 뻘밭이 되어 있던 지면이 단단히 얼어붙었다. 지면이 단단해지면서 독일군의 기동작전을 위한 조건도 훨씬 호전되었다. 이제 독일군 전차들이 도로 위로만 이동할 필요가 없게 되었고, 따라서 모든 마을과 도로교차점을 확보하면서 전진할 필요도 없어졌기 때문이었다. 그러나 추운 날씨가 이처럼 독일군에게 기동전을 펼 수 있게 해준 반면, 하늘이 맑게 개면서 연합군 전투기들도 마음대로 독일군에게 공격을 퍼부을 수 있게 되었다. 이는 아이펠 지역의 독일 보급부대에게는 악몽과도 같은 소식이었다.

이러한 날씨의 변화는, 아르덴 중부전선의 타이유 고원(Tailles plateau) 동쪽 가장자리에서 마르쉐에 이르는 도로교차점들을 둘러싸고 벌어지고 있던 전투에도 즉각적인 영향을 미쳤다. 이 도로망은 북쪽의 트루아퐁(Trois Ponts)에서 서쪽으로 브라, 만헤이, 그랑므닐, 에르제(Erezée), 오통을 거쳐 마지막으로 마르쉐에 이르는 전선과 거의 평행을 이루고 있었다. 이 도로교차점들은 뫼즈 강을 향해 북쪽과 서쪽으로 나아갈 수 있는 통로들과 연결되어 있었기 때문에 독일군에게 있어 중요한 전술목표이기도 했다.

12월 19일, 크뤼거의 제58기갑군단은 제116기갑사단을 앞세워 우팔리제를 점령하면서 이 지역에 돌파구를 뚫어냈다. 한편, 12월 21일에 제116기갑사단은 우익의 제560국민척탄병사단과 함께 오통에 도달했다. 당시 오통을 지키고 있던 미군부대는 제3기갑사단본부대뿐이었지만, 제116기갑사단의 선봉대 역시 마을을 점령할 만한 전력은 가지고 있지 못했다. 때마침 제560국민척탄병사단도 소이(Soy)와 아모닌(Amonines)에서 제3기갑

경과

1. 12월 23일: 저녁 무렵, 제2친위기갑사단 다스라이히의 선봉부대가 바라크드프래퇴르의 '파커(Parker) 교차로'에서 아서 파커(Arthur Parker) 소령의 부대를 분쇄하다.

2. 12월 23일: 제560국민척탄병사단 제1130척탄병연대가 그랑므닐 인근의 도로망을 확보하기 위해 공격을 개시하나 케인 특임대와 프레뇌를 두고 격전을 치르고 저지당하다.

3. 12월 23일: 제560국민척탄병사단 제1128척탄병연대가 아모닌 점령을 시도하나 제3기갑사단 B전투단의 오어 특임대에게 격퇴당하다

4. 12월 23일: 제560국민척탄병사단 제1129척탄병연대가 소이 점령을 시도하나 제3기갑사단 예비전투단에게 격퇴당하다. 독일군은 크리스마스까지 소이에 대한 공격을 지속했다.

5. 제2친위기갑사단 다스라이히의 선봉대가 야음을 틈타 만헤이로 이동중 제40전차대대 C중대를 포함한 제7기갑사단 일부 예하대를 격파하다. 미군전차 32대 중 21대가 격퇴되었다.

6. 12월 23일 밤: 브루스터 특임대가 계획대로 철수하려 하나 이미 제2친위기갑사단 제3기갑척탄병연대 소속 전투단의 공격을 받고 포위당하다. 결국 브루스터 특임대는 보유 차량들을 유기하고 도보로 탈출했다.

7. 12월 24일: 케인 특임대가 새벽에 그랑므닐로 철수하나 계속되는 독일군의 공격으로 마을에서 밀려나 후방의 구릉지대로 철수하다.

8. 12월 24일: 제2친위기갑사단 다스라이히가 만헤이로 돌입하나 만헤이 너머에 위치한 리에주로 가는 도로확보에는 실패하다.

9. 12월 25일: 미 제289보병연대, 맥조지 특임대, 제7기갑사단 A전투단의 그랑므닐 공격이 실패로 돌아가고 제2친위기갑사단도 마을 밖으로 진격해 나아가는 데 실패하면서 전투가 소강상태로 접어들다.

10. 12월 26일: 제4친위기갑척탄병연대가 미 제325글라이더보병연대가 지키고 있던 트리르쉐슬랭을 공격하나 실패하다.

11. 12월 26일: 아침 일찍부터 맥조지 특임대와 제2친위기갑사단 다스라이히 소속 전차들이 다시 격전을 벌이다. 오후에 전력을 가다듬은 미군이 제289보병연대 3대대까지 투입하여 공격을 재개하다. 해질 무렵, 미군이 그랑므닐 마을의 일부를 장악했다.

12. 12월 26일: 제82공정사단 제517공수보병연대 3대대가 일몰 후 만헤이를 탈환하다.

13. 12월 26일: 독일 제116기갑사단의 바이어전투단(Kampfgruppe Bayer)이 12월 24일 베르덴을 공격하다 실패하고 오히려 베르덴 북쪽에서 포위당하다. 제116기갑사단은 전력이 크게 저하됐음에도 바이어전투단의 구원에 나서나 미 제334보병연대에게 격퇴당했다. 해가 진 후 바이어전투단에게 철수허가가 떨어졌다.

14. 총통경호여단이 오통 점령을 위해 도로교차점에 대해 공격을 시도하나 저지당하다. 해질 무렵, 총통경호여단은 "철수하여 바스토뉴 공략에 합류하라"는 지시를 받았다.

# 도로교차점 확보를 위한 전투

1944년 12월 23일~27일에 이르는 기간의 중부전선을 남동쪽에서 바라본 전황도. 12월 23일, 미군이 생비트 돌출부에서 철수하자 독일군은 타이유 고원의 중요 도로교차점들을 확보하기 위해 제2친위기갑군단을 투입할 수 있게 되었다. 크리스마스를 전후해서 벌어진 치열한 소규모 접전을 통해 친위기갑부대들은 몇몇 중요 마을들을 점령할 수 있었고, 제5기갑군도 마찬가지로 서쪽으로 더욱 진격해 나아갔다. 그러나 크리스마스가 지나자 미군은 반격을 개시하여 이 마을들로부터 독일군을 몰아내었다.

*좌표 한칸은 가로세로 1마일(1.6킬로미터)길이의 지역을 나타낸다.

로즈 제3기갑사단

아모닌

그랑므닐

만헤이

트리-르-쉐슬랭

말랑프레

프레뇌

오데뉴

바라크드프래튀르

프래튀르

상레

제2친위기갑사단 '다스라이히' 라머딩

## 미군 부대
1 제84보병사단 제334보병연대
2 제3기갑사단본부 및 지원부대
3 제75보병사단 제290보병연대
4 제3기갑사단 예비전투단
5 호건 특임대
6 오어 특임대
7 제75보병사단 제289보병연대
8 제3기갑사단 B전투단 케인 특임대
9 제3기갑사단 B전투단
10 제7기갑사단 A전투단
11 브루스터 특임대
12 제82공수사단 제504공수보병연대
13 제82공수사단 제517공수보병연대 3대대

## 독일군 부대
A 제116기갑사단
B 총통경호여단
C 제560국민척탄병사단 제1129척탄병연대
D 제560국민척탄병사단 제1128척탄병연대
E 제2친위기갑사단 크라그전투단(12월 27일)
F 제560국민척탄병사단 제1130척탄병연대
G 제12친위기갑사단 '히틀러유겐트' (12월 26일)
H 제2친위기갑사단 '다스라이히'

사단의 특임대들에게 발목을 잡혔다.

　모델로서는 12월 20일부터 이 지역에 제2친위기갑군단을 투입하여 이 돌파구를 확대하고 싶었지만, 연료도 부족한데다 미군이 생비트에서 계속 버티고 있는 상황에서 아르덴 북부지역의 독일군 전력을 도무지 살름(Salm)과 뫼즈 강 사이의 중부지역으로 이동시킬 재간이 없었다. 연합군 입장에서는 생비트가 예상보다 훨씬 오래 버텨준 덕분에 방어를 강화할 시간을 벌 수 있었고, 생비트에서 버티던 병력 자체도 붕괴 직전에 몽고메리의 허가를 받아 무사히 철수할 수 있었다.

　12월 22일과 23일 사이의 밤에, 한파가 닥치면서 지면이 단단하게 얼어붙자 생비트의 제7기갑사단 B전투단과 다른 부대들은 마침내 살름 강을 건너 철수할 수 있었다. 눈엣가시와도 같던 생비트 돌출부가 제거되자, 비트리히(Bittrich) 친위대장의 제2친위기갑군단이 살름에서 오르트 강 사이

12월 27일, 제2친위기갑사
단과 치열한 전투가 벌어진
가운데 제7기갑사단 소속
의 보병지원용 105밀리미
터포를 장비한 M4셔먼전
차가 참호 속에서 만헤이
인근의 도로차단선을 경비
하고 있다.

의 미군이 철수한 빈자리로 물밀듯이 밀고 들어갔다. 제2친위기갑군단의
목표는 라글레즈-브라-에르제-마르쉐 지역에서 미군 방어선에 뚫린 구멍
을 더욱 확대시키는 것이었다. 그리고 2차적인 목표로 (다소 가망이 없어 보
이긴 했지만) 라글레즈에서 포위되어 있는 파이퍼전투단의 구출도 포함되
어 있었다.

　　이제 제1친위기갑군단의 공격이 성공할 가망성이 거의 없어짐에 따라,
베를린의 독일군 지휘부도 제5기갑군의 옆구리가 텅 비게 되었다는 사실
을 깨닫게 되었다. 디트리히의 제6기갑군의 전진이 지지부진하자, 만토이
펠의 제5기갑군은 서쪽으로 전진하면 할수록 북쪽에서 쏟아져 들어오는
미군의 증원부대에게 취약한 옆구리를 그대로 노출하게 되었다. 모델과
룬트슈테트는, 어떻게든 제2친위기갑군단이 타이유 고원의 도로망을 확
보하여 북쪽으로부터 제5기갑군에게 가해지는 미군 기갑부대의 공격을
약화시켜주길 바랐다.

**위** 12월 30일, 만헤이의 폐허 속에 유기된 제2친위기갑사단 소속 판터G형을 살펴보고 있는 미 제75보병사단 제289보병연대 3대대 소속 병사.(NARA)

**아래** 1945년 1월 3일, 전투 중 독일군의 보급트레일러 뒤에 엄폐하고 있는 제325글라이더보병연대 소속 병사. 45구경 M3그리스건(Grease gun)기관단총을 소지하고 있다.(NARA)

12월 23일, 제2친위기갑사단 다스라이히는 살름 강을 건너 바라크드프래튀르(Baraque de Fraiture) 교차로로 향했고, 이웃의 제9친위기갑사단 호헨슈타우펜(Hohenstaufen)은 그 우측으로 이동하여 철수하는 생비트의 미군부대와 제82공정사단을 위협했다. 바라크드프래튀르 교차로는 제3기갑사단 케인 특임대로부터 약간의 전차를 지원받은 아서 파커(Arthur Parker) 소령 휘하 제589야포대대의 소규모 분견대가 지키고 있었다. 이 교차로는 제3기갑사단과 제82공수사단의 경계선상에 위치한 중요한 곳이었지만, 미군은 병력부족으로 이곳에 단단한 방어선을 구축할 수가 없었다.

12월 23일, 독일군은 '파커 교차로(Parker's Crossroads)'에 20분간 격렬한 포격을 가한 후 1개 기갑척탄병연대와 2개 전차중대를 동원하여 공격에 나섰다. 해질 무렵, 파커 교차로를 지키던 미군부대들은 독일군의 공격에 분쇄되었고, 드디어 만헤이로 가는 문이 활짝 열렸다. 만헤이는 리에 주로 가는 도로망을 통제할 수 있는 중요한 마을이었다.

제5기갑군 예하대 중에서도 가장 동쪽에 배치된 제560국민척탄병사단은 서쪽으로부터 만헤이로 접근하여 마을점령을 시도했다. 한편, 제1160척탄병연대는 제3기갑사단의 케인 특임대가 지키고 있던 프레뇌(Freyneux)에 대해 두 갈래로 공격을 가해왔다. 돌격포의 지원을 받긴 했지만 제1160척탄병연대의 공격은 미군의 격렬한 전차포 사격에 의해 격퇴되었고, 연대는 너무 큰 피해를 입은 나머지 이후 제대로 된 전투를 수행할 수 없었다. 그보다 더 서쪽에는 제1129척탄병연대가 소이와 오통으로 진격했으나, 이 공격 역시 제3기갑사단 예하대에게 막히고 말았다.

만헤이 주변의 미군 방어선에서는, 생비트 돌출부에서 철수해온 제7기갑사단의 일부 부대들과 제18공수군단 예하대, 그리고 새로이 도착해 여기저기 분산배치된 제3기갑사단 특임대들이 뒤섞여 혼란스런 상황을 연출하고 있었다. 제82공수사단의 방어선이 매우 취약하다는 사실을 크게 우려하고 있었던 몽고메리 원수는 리지웨이의 제18공수군단에게 "분산배치된 제82공정사단을 오늘밤 안으로 철수시켜 보다 방어가 용이한 트루아 퐁에서 만헤이에 이르는 도로 주변지역에 배치하라"고 지시했다. 제3기갑 사단 역시 방어선을 재정비하여, 제7기갑사단소속으로 이 지역까지 흘러 들어온 예하대에게 만헤이 방어를 맡겼다. 그러나 미군이 이처럼 혼란에 서 채 벗어나지 못한 상황에서 제2친위기갑사단이 만헤이 가도를 따라 공 격해왔다.

다스라이히의 지휘관이었던 하인츠 람머딩(Heinz Lammerding) 친위준 장은 오데뉴(Odeigne)에서 건설중인 교량이 완성될 때까지 공격을 연기했 다. 새 교량이 완성되자, 람머딩은 미군전폭기의 공격을 피하기 위해 해가 떨어지기를 기다렸다가 공격을 개시하기로 했다. 크리스마스 이브에 이 지역의 하늘은 맑게 개어 달이 밝게 빛나는 상태였고, 단단하게 얼어붙은 지면에는 눈이 얕게 쌓여 있었다. 다시 말해, 전차의 이동과 야간작전에는 더할 나위 없이 적절한 상태였다.

21:00시경, 제3친위기갑척탄병연대 도이칠란트(SS-Panzergrenadier Regiment 3 Deutschland)가 오데뉴 가도를 따라 도로교차점을 지키고 있던 제7기갑사단 A전투단을 공격했다. 당시 A전투단은 방어선 재편성에 따라 한창 철수중이었다. 독일군 공격부대는 노획한 셔먼전차를 앞세워 진격해 들어갔는데, 미군전차들은 이 공격부대를 재편성의 일환으로 철수하는 미 군부대로 착각했다. 미군전차들 바로 옆까지 접근한 상태에서 갑자기 조 명탄을 쏘아올린 독일군은 당황한 미군전차들을 순식간에 제압하고 도로 교차점을 돌파했다. 제3기갑사단과 제7기갑사단 A전투단은 만헤이 인근 의 방어선 재편성과 철수작전에 있어 대체로 손발이 잘 맞지 않았다. 제3 친위기갑척탄병연대는 이 혼란을 이용하여 새벽에 만헤이로 돌입해 들어 갔다.

미군 전초부대들 중에서도 독일군 전선 쪽으로 가장 깊숙이 들어가 있 던 브루스터 특임대(TF Brewster)는 자신들과 제3기갑사단 본대 사이에 이

미 독일군이 쏟아져 들어와 있다는 사실도 모른 채 철수를 시작했다. 선두의 전차 2대가 격파당하면서 퇴로가 막히자, 브루스터 특임대장은 부하들에게 "차량을 버리고 최선을 다해 독일군 전선을 뚫고 미군 전선으로 퇴각하라"고 명령했다. 케인 특임대(TF Kane)의 철수작전은 브루스터 특임대보다는 훨씬 성공적으로 진행됐지만, 그 과정에서 보병 부족으로 인해 그랑므닐(Grandmenil)을 포기해야 했다. 하지만 다행히 곧 제75보병사단 제289보병연대의 증원부대가 도착하여 그랑므닐에서 서쪽으로 향하는 도로는 차단할 수 있었다.

제2친위기갑사단 다스라이히는 그랑므닐에서 서쪽으로 진격을 시작하면서 다시 한 번 노획한 셔먼전차를 앞세웠다. 그러나 양쪽이 가파른 비탈로 되어 있어 도로 밖으로의 기동이 곤란한 상황에서, 한 미군 바주카포 사수가 혼자서 선두 전차를 때려잡자 다스라이히 전체는 한동안 꼼짝 못하고 발이 묶이고 말았다.

만헤이 주변에서 재편성을 하고 있던 미군은 다스라이히의 공격에 크

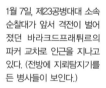
1월 7일, 제23공병대대 소속 순찰대가 앞서 격전이 벌어졌던 바라크드프래튀르의 파커 교차로 인근을 지나고 있다. (전방에 지뢰탐지기를 든 병사들이 보인다.)

게 흔들리긴 했지만, 다스라이히 또한 "만헤이와 이웃의 그랑므닐에서 북쪽으로 진출할 수 있는 도로를 확보한다"는 애초 목표는 달성하지 못했다. 이 도로들은 아직도 미군의 손아귀에 있었다.

크리스마스가 되자 비트리히 대장은 새로운 명령을 받았다. 리에주를 향해 북쪽으로 진격하는 대신, 에르제와 오통을 향해 제2친위기갑군단을 서쪽으로 진격시켜 콜린스의 제7군단의 옆구리를 들이치라는 것이었다. 당시 콜린스의 제7군단은 뫼즈 강으로 접근하고 있는 만토이펠의 제5기갑군 선봉대에 접근중이었다. 크리스마스날 종일, 다스라이히는 서쪽으로 진격을 시작하기 전에 어떻게든 만헤이-그랑므닐 지역에서 기동할 수 있는 공간을 확보하려고 애를 썼다. 또 미군은 보다 견고한 방어선을 구축하는 동시에 다스라

제3기갑사단 제36기계화보병연대 소속 병사가 아모닌 인근에서 M1919A4 30구경 브라우닝경기관총을 앞에 두고 경계를 서고 있다. 뒤에는 동사단의 M4셔먼전차가 보인다.

이히를 만헤이와 그랑므닐에서 밀어내려고 애썼다.

크리스마스 오후, 제289보병연대가 맥조지 특임대로부터 전차 지원을 받아 그랑므닐 공격을 시도했다. 하지만 미군전폭기들이 실수로 미군전차들을 폭격하면서 공격은 실패로 돌아갔다. 같은 날 오후 늦게 이루어진 제7기갑사단 A전투단의 만헤이 공격 역시 도로장애물 때문에 오도가도 못하게 된 선두전차가 독일군 대전차포에 격파당하면서 실패하고 말았다.

한편, 다스라이히의 공격도 별다른 소득을 거두지 못하기는 마찬가지였다. 만헤이와 그랑므닐을 내려다보는 고지에 배치된 미군 관측병들이

독일군 기갑부대가 움직이려고 할 때마다 격렬한 포격을 유도했기 때문이었다. 이에 독일군은 도저히 마을 밖으로 치고나갈 수가 없었다. 설상가상으로, 포격이 없을 때에는 미군전폭기들이 마을에 폭격을 퍼부었다. 만헤이와 그랑므닐은 점점 양측 병사들의 도살장으로 변해갔다. 제2친위기갑군단은 또다른 주력부대인 제9친위기갑사단 호헨슈타우펜을 만헤이 지역으로 이동시켜 에르제 방면으로 공격을 걸어보려 했으나 이마저도 실패로 돌아갔다.

만헤이와 그랑므닐의 교차로를 둘러싼 전투는 쌍방 공히 큰 피해를 보면서 교착상태에 빠졌지만, 상황은 더 많은 증원부대를 쏟아부을 수 있었던 미군에게 점점 더 유리해졌다. 크리스마스가 되자 미군은 엔(Aisne) 강에서 리엔(Lienne) 강에 이르는 지역에 총 17개 야포대대를 집결시켰는데, 이들 대부분은 발이 묶인 다스라이히를 사정거리 안에 두고 있었다.

다스라이히의 서쪽에서는, 큰 타격을 입은 제560국민척탄병사단이 미 제3기갑사단 예하대로부터 에르제 서쪽의 소이와 오통 주변의 도로의 통제권을 어떻게든 빼앗아오기 위해 안간힘을 쓰고 있었다. 오어 특임대(TF Orr)는 "독일군 보병들이 크리스마스 이브에만 특임대의 방어선에 12차례나 공격을 가해왔으며, 만약 독일군에게 척탄병이 세 명만 더 있었어도 우리 방어진은 돌파당했을 것"이라고 보고했다. 그러나 사실 독일군은 더이상 공격을 지속할 여력이 없었고, 신예 미 제75보병사단이 전선에 투입되면서 주요 도로를 따라 형성된 미군의 방어선은 더욱 단단해졌다. 경험이 부족한 신병들을 서둘러 전투에 투입하는 바람에 전투에서 피해가 크긴 했지만, 어쨌든 보병전력이 확충되자 미군의 방어선은 크게 강화되었다.

12월 26일이 되자, 더이상 제9친위기갑사단의 도착을 기다릴 여유가 없게 된 다스라이히는 아침 일찍 제4친위기갑척탄병연대 데어퓌러(Der Führer)를 동원하여 동쪽의 트리-르-쉐슬랭을 지키고 있던 제325글라이더보병연대에 공격을 가했으나 이 공격도 실패하고 말았다. 독일군은 그

랑므닐로부터 두 갈래로 공격을 시작했는데, 첫 번째 공격부대는 에르제로 향하는 주도로를 타고 내려왔고, 두 번째 공격부대는 첫 번째 공격부대의 공격이 실패할 경우 미군 방어선을 우회하기 위해 모르몽(Mormont)으로 향하는 좁은 소로를 타고 이동했다.

그러나 독일군이 그랑므닐로부터 공격해 나아가던 바로 그 시점에 그랑므닐 탈환을 위한 맥조지 특임대의 공격이 시작됐고, 곧 양측 공격부대는 정면으로 충돌했다. 맥조지 특임대의 M4셔먼전차들은 정면대결에서 다스라이히사단의 판터전차들의 적수가 되지 못했다. 그 짧은 교전과정에서 2대를 제외한 모든 셔먼이 격파당하고 말았다. 그러나 이 전차전으로 인해 이 방면의 독일군의 공격계획도 수포로 돌아가고 말았다. 모르몽을 향해 북쪽 소로를 더듬어가던 독일군 공격부대도 좁은 계곡에서 선두전차가 격파되면서 길을 막아버리자 더이상 전진할 수가 없었던 것이다.

미군은 3개 포병대대를 동원해 그랑므닐에 집중포화를 가한 후 맥조지 특임대의 M4전차 16대와 제289보병연대 3대대를 동원해 공격에 나섰다.

이 공격을 통해 미군 보병들은 그랑므닐의 약 절반을 점령하고 만헤이로 가는 도로 출입구를 장악했다. 동시에 제7기갑사단이 그랑므닐-만헤이 가도를 점령하려고 시도했지만, 이미 막대한 손실을 입고 있던 제7기갑사단은 충분한 전력을 동원할 수 없었기 때문에 결국 독일군 전차대의 포격을 받고 공격은 실패로 끝나고 말았다. 그 후 미군은 전폭기를 동원하여 만헤이에 대규모 폭격을 가한 후 제517공수보병연대 3대대를 동원하여 마을을 공격했으며, 새벽이 되자 공수부대원들은 다스라이히사단을 마을로부터 몰아내는 데 성공했다.

이쯤 되자 비트리히는 그랑므닐을 통과하는 통로를 개척하려고 아무리 노력해도 별 소용이 없다는 사실을 깨닫고 12월 27일 오전에 다스라이히사단을 철수시켰다. 게다가 크리스마스 이후 제5기갑군의 선봉이었던 독일 제2기갑사단이 미 제2기갑사단에게 포위격멸당함으로써 "제5기갑군 선봉대에게 가해지는 압력을 줄인다"는 작전목표도 그 의미를 잃게 되었다. 12월 28일의 사조트(Sadzot) 공격을 비롯하여 이후에도 이 지역에서 독일군의 공격이 몇 차례 있었지만, 제2친위기갑군단의 기세는 이미 오래전에 꺾여버린 상태였다.

1월 초, 베를린의 독일군 최고사령부는 점점 위기감이 감도는 동부전선의 방어를 강화하기 위해 아르덴 전선에서 친위기갑부대를 철수시켰다.


:: **분수령**

12월 23일 오후, 독일 제2기갑사단 수색대대는 "이제 디낭 부근의 뫼즈 강까지 9킬로미터도 남지 않았다"고 보고해왔다. 이때가 바로 아르덴 공세의 분수령이었다. 제2기갑사단 수색대대는 12월 21일 오르퇴빌에서 오르트 강을 건넜고, 그 뒤를 기갑척탄병연대가 후속했다. 그러나 독일군은 연료부족으로 인해 오르트 강 서쪽으로 본격적인 진격을 시작할 수 없었다.

### 뫼즈로 가는 길(142~143쪽)

1944년 크리스마스 며칠 전, 뵘전투단은 뫼즈로 달려가기 시작했다. 뵘 전투단은 제2기갑사단의 기갑수색대대(Panzer Aufklärungs Abteilung 2)를 근간으로 구성되었으며, 여기에 사단의 제3전차연대로부터 지원받은 몇 대의 판터전차로 전력을 보강했다. 아르덴 공세 개시 직전에 부분적으로 재정비를 받은 것 외에는 따로 휴양을 취하거나 재편성을 할 수 없었던 수색대대로서는 이와 같은 전차지원이 꼭 필요했다. 재편성에 들어간 수색대대 제1중대는 아르덴 공세에 참가하지 못했고, 제3중대는 자전거를 주요장비로 사용하는 부대였다.

제5기갑군은 제6기갑군보다 전력이 훨씬 떨어졌지만, 정찰부대의 효과적인 활용을 통해 미군 전선을 깊숙이 뚫고 들어갈 수 있었다. 반면, 제6기갑군의 친위기갑부대들은 정찰부대들을 일반적인 기갑부대나 기갑척탄병부대처럼 사용했다. 그리고 모델의 B집단군사령부는 이런 친위기갑부대의 정찰부대 운용 실패를 매우 비판적인 시각으로 바라보았다. 대개의 독일육군 기갑사단들은 과거의 수많은 실전경험으로부터 "정찰부대는 본연의 정찰임무에 충실하여 신속히 기동하여야 하며, 불필요한 전투는 최대한 피해야 한다"는 교훈을 얻었다.

그림을 보면, SdKfz234푸마(Puma)장갑차**1**가 정찰대를 선도하고 있다. 푸마는 50밀리미터주포**2**를 장비하였으며, 제2차 세계대전 중 가장 효과적이던 정찰차량 중 하나로 손꼽힌다. 푸마에 달린 8개의 바퀴는 각각 독립적으로 구동되며, 장륜식장갑차임에도 험한 지형에서도 발군의 기동성을 발휘했다. 푸마는 도로상에서 시속 50마일(80킬로미터) 이상의 속도로 달릴 수 있었다. 아르덴에서 제2기갑사단은 10대의 푸마장갑차를 보유하고 있었는데, 이 외에도 20밀리미터기관포를 장비한 SdKfz234/1 2대와 단포신75밀리미터포를 장비한 SdKfz233장갑차 2대도 함께 운용했다.

푸마의 뒤를 따르는 차량은 판터G형**3**이다(포탑이 실제보다 지나치게 크게 그려진 느낌을 준다-옮긴이). 아르덴 공세 시작 당시, 제2기갑사단은 51대의 판터와 29대의 4호전차를 보유하고 있었다. 판터의 뒤에 있는 차량은 SdKfz251반궤도장갑차**4**이다. 일반적으로 기갑척탄병연대에 배치되던 이 만능 장갑차는 정찰부대에서도 사용되었으며, 아르덴 공세 개시 당시에는 13대가 수색대대에 배치되어 있었다. 하지만 수색대대에서 더 일반적으로 사용되던 반궤도장갑차는 SdKfz250이었다. 이 차량은 SdKfz251에 비해 절반 정도의 인원이 탑승할 수 있었는데 1944년 12월 당시에는 수색대대에 33대가 배치되어 있었다.

그림의 차량들은 전술부대기호가 전혀 표시되어 있지 않은데, 이는 아르덴의 장비보충과 부대 재정비가 공세 개시 직전에야 이루어지는 바람에 제대로 표시를 할 시간이 없었기 때문이다. 판터와 푸마에는 일반적으로 표시되어 있어야 할 부대번호가 없으며, 제2기갑사단 특유의 '삼지창 마크'도 전혀 보이지 않는다.

나뭇가지를 이용한 위장은 아르덴 전투에 참가한 독일군에서 흔히 관찰되는 부분이다. 특히 12월 23일 이후 날이 개고 미군전폭기들이 마음대로 날아다니게 되자, 독일군은 이런 위장에 더욱 심혈을 기울였다.(피터 데니스)

연료보급을 기다리느라 하루를 날려버린 제2기갑사단은 12월 23일이 되자 다시 두 갈래로 나뉘어 진격을 시작했다. 사단 주력은 N4도로를 타고 마르 쉐로, 보다 소규모의 나머지 부대들은 아르지몽(Hargimont)으로 향했다.

당시 뤼트비츠 군단장도 제2기갑사단과 동행하고 있었다. 소규모 도로 차단선에서 진격이 지체되자 성질 급한 뤼트비츠는 연대장 한 명을 해임 하기도 했다. 아르지몽은 쉽게 떨어졌지만, 마르쉐의 미군은 새로 도착한 제84보병사단 예하대 병력과 함께 격렬하게 저항했다. 뤼트비츠는 제2기 갑사단장 라우헤르트(Lauchert)에게 "사단 주력을 서쪽으로 돌려 디낭과 뫼즈 강으로 진격시키고, 마르쉐에는 소규모 차단부대만 남겨놓으라"고 명령했다. 뤼트비츠는 나중에 제9기갑사단이 도착하면 마르쉐를 처리할 수 있을 것이라고 생각했던 것이다.

제2기갑사단은 수색대대와 몇 대의 전차로 구성된 뵘전투단(Kampf-gruppe Böhm)을 앞세워 진격을 계속했다. 12월 23일에서 24일 사이의 밤

12월 27일, 프랑도(Fran-deux) 인근에서 교도기갑 사단을 저지하는 과정에서 벌어진 전투 중 촬영된 사진. 제2기갑사단 A전투단의 B특임대 소속의 76밀리미 터포를 장비한 M4A1셔먼 전차가 보병들을 싣고 전장 으로 향하고 있다.(NARA)

에, 뵘전투단은 고속도로를 따라 디낭으로 진격한 끝에 마침내 포이-노트르담(Foy-Notre Dame) 부근의 숲에 도착했다. 다음날인 12월 24일에는 그 뒤를 이어 사단 선봉대로서 제304기갑척탄병연대와 제3전차연대 1대대로 이루어진 코헨하우젠전투단(KG Cochenhausen)이 도착했다.

베를린의 총사령부는 제2기갑사단 수색대대의 보고를 듣고 쾌재를 불렀다. 히틀러는 직접 룬트슈테트와 모델을 치하하고, 제5기갑군 지원을 위해 제9기갑사단과 제15기갑척탄병사단의 투입을 허가했다. 모델은 이제 '싹쓸이'나 '본전치기'를 할 수 있다는 어떤 희망도 가지고 있지 않았지만, 그나마 독일군 기갑부대가 뫼즈 강에 발이라도 담가본다면 그 동안의 작전실패로 구겨질 대로 구겨진 독일육군의 체면을 그나마 조금이라도 살려줄 수 있을 것이라고 생각했다. 모델은 즉각 제9기갑사단에게 "제2기갑사단을 후속하여 미군의 공격으로부터 제2기갑사단의 우익을 보호하라"는 명령을 내리는 한편, 앞서 언급된 바대로 바스토뉴 북부지역의 공격에 제15기갑척탄병사단을 투입했다.

그러나 이 무렵에는 이미 제2기갑사단이 어디까지 진격하든 전략적으로 별 의미가 없는 상황이 되어 있었다. 게다가 디낭은 높은 절벽을 등지고 있어 연합군이 쉽게 도시를 방어할 수 있었으므로, 디낭 부근에서 뫼즈 강에 도착해봤자 전술적으로 특별한 이득을 볼 수 있는 것도 아니었다. 하지만 독일군이 나뮈르(Namur)로 갈 수도 없었던 것은, 나뮈르는 요새화된 도시로서 누가 공격을 하든 상당히 애를 먹어야 했기 때문이었다. 겨우 뫼즈 강에 도착한 독일군 기갑부대들은 지칠 대로 지친데다 어디 한 군데 고장이 나지 않은 전차도 별로 없었다. 무엇보다 위험할 정도로 연료가 부족했지만, 히틀러나 연합군 지휘부는 이런 독일군의 실상을 제대로 알지 못했다.

독일군이 뫼즈 강을 건널지도 모른다는 불안감이 커지자, 12월 19일 몽고메리 원수는 예비로 빼두었던 영국군 제30군단(British XXX Corps)을

12월 29일, 제207전투공병대대(207th Engineer Combat Battalion) 소속 미군 병사 2명이 뷔송빌(Buissonville) 인근에서 벌어진 전투 중 바주카포의 배터리를 교체하고 있는 모습.(NARA)

투입하여 뫼즈 강의 도하 예상지점에 배치했다. 부대배치에 시간이 좀 걸리긴 했지만, 12월 23일이 되자 지베(Givet), 디낭, 나뮈르와 같은 주요 도하지점들에는 제29기갑여단 소속 전차대대들이 하나씩 배치되었고, 또 각 대대에는 1개 보병중대가 추가로 배속되었다.

코헨하우젠전투단이 뫼즈 강으로 다가설 무렵, 연합군의 증원부대는 진격하는 독일군의 옆구리에 점점 더 큰 위협으로 다가왔다. 서쪽으로 진격하기도 바쁜 판에 독일군은 부족한 전력을 쪼개어 측면에서 덤벼드는 미군까지 상대해야 했다. 시네이-로슈포르(Ciney-Rochefort) 가도에서는, 진격해오는 미 제2기갑사단 A전투단과 맞닥뜨린 독일 제2기갑사단의 일부 부대가 전멸당하는 일도 있었다. 엎친 데 덮친 격으로, 미 제84보병사단 제335보병연대가 마르쉐 부근에서 공격을 개시하여 제2기갑사단의 보급로를 한동안 차단하는 상황이 발생했다. 이제 제2기갑사단은 뒤통수까지 걱정해야 하는 처지가 되었다. 비록 제2기갑사단 예하대가 간신히 보급로를 다시 확보했지만, 점점 더 많은 미군 증원부대가 몰려들면서 독일 제2기갑사단이 받는 압박은 갈수록 커져만 갔다.

12월 23일에서 24일 사이의 밤에, 노획한 지프를 타고 디낭의 교량에 접근한 3명의 독일정찰대가 영국군이 매설한 지뢰를 밟고 날아가버렸다. 12월 24일 오전, 뷤전투단의 진격도 마침내 그 종착역에 이르렀다. 뷤전투단의 일부 부대가 뫼즈 강의 도하점을 탐색하던 중 선두의 4호전차가

뫼즈 강

디낭

포이-노트르담

셀르

와늘랭

▼ 경과

1. 12월 23일: 영국군 제29기갑여단이 독일군의 뫼즈 강 도하 저지를 위해 강 일대에 방어선을 구축하다.

2. 12월 24일: 크리스마스 이브 새벽, 제2기갑사단 정찰대 선두가 포이-노트르담 인근에서 아르덴 공세의 독일군 최대진출선에 도달하다.

3. 12월 24일: 크리스마스 이브에 제2기갑사단 선봉대인 코헨하우젠전투단이 셀르 부근에 도달하다. 도달 당시 이미 미 제2기갑사단과 조우한 상태였으며 심각한 연료부족에 시달리고 있었다.

4. 영국군 제3왕실전차연대가 전차대 일부를 디낭 동쪽에 배치, 독일군 정찰대 소속 전차 일부를 격파하다.

5. 제2기갑사단 B전투단 B특임대가 시네이 지역에서 출격하여 코헨하우젠전투단 후방을 차단하다.

6. 제2기갑사단 B전투단 A특임대가 셀르 인근에서 B특임대와 합류, 셀르 동쪽 숲지대에 갇힌 코헨하우젠전투단을 포위하고 며칠에 걸쳐 서서히 압축해 들어가다. 코헨하우젠은 결국 버티다 못해 붕괴되었다.

7. 12월 25일: 크리스마스 이브 오전에 레뇽에서 출발한 제2기갑사단 A전투단 B특임대가 크리스마스에 제2기갑사단과 로슈포르의 독일군 집결지 사이를 차단하다.

8. 12월 25일: 제2기갑사단 A전투단 A특임대가 B특임대의 동편으로 진격, 크리스마스 이브에는 뷔송빌을 확보하고 교도기갑사단의 크리스마스 공세로부터 제2기갑사단의 측면을 보호하다.

9. 제2기갑사단과 인접 제84보병사단 사이의 간격을 제4기병연대가 확보하다.

10. 제84보병사단 제335보병연대가 독일군 제2기갑사단과 교도기갑사단의 공격으로부터 마르쉐를 방어하다.

11. 홀트마이어전투단이 셀르 인근에서 포위된 독일군 제2기갑사단 선봉대를 구출하기 위해 마지막 총공세를 펼치나 제2기갑사단 B전투단에 의해 큰 손실을 입고 격퇴당하다.

12. 교도기갑사단이 제2기갑사단의 구출을 위해 최후의 시도를 해보지만 미 제2기갑사단 A전투단과의 수 차례 교전에서 패퇴하다.

13. 12월 26일~27일: 뒤늦게 마르쉐 서쪽에 투입된 독일 제9기갑사단과 미 제2기갑사단 A전투단 및 예비전투단 간에 위맹 인근에서 대규모 전차전이 벌어지다.

## 예봉 꺾이다

1944년 12월 24일~27일간의 전투를 남동쪽에서 바라본 전황도. 크리스마스 이브, 제2 기갑사단이 디낭 부근에서 뫼즈 강이 보이는 거리까지 진출하면서 독일군의 공세도 정점에 달했다. 연료가 다 떨어진 제2기갑사단은 셀르에서 미 제2기갑사단에게 포위되었다. 뫼즈 강 부근에서 절망적인 상황에 빠진 전투단들을 어떻게든 구출하기 위해 제47기갑군단은 수 차례에 걸쳐 공격을 가하나 모두 미 제2기갑사단에게 격퇴당하고 만다.

독일군 부대

A 제2기갑사단 뵘전투단
B 제2기갑사단 코헨하우젠전투단
C 제2기갑사단 홀트마이어전투단
D 교도기갑사단
E 제9기갑사단
F 제2기갑사단본부 및 잔여부대

영국군의 17파운드포를 장비한 셔먼전차(파이어플라이—옮긴이)에게 격파 당했다. 이 전차는 제3왕실전차연대(3rd Royal Tank Regiment) 소속으로 그 전날 뫼즈 강 동편 제방에 방어진을 구축하고 있었다. 그 후로 아침나절에만 2대의 판터전차가 더 격파되었다. 독일군은 제3왕실전차연대의 방어선을 넘어설 수 없었고, 결과적으로 이 방어선은 아르덴 공세에서 독일 육군의 최대진출선이 되었다.

크리스마스 이브에 거의 종일 시네이-로슈포르 가도를 따라 진격해 온 미 제2기갑사단 A전투단이 영국군 전차부대와 합세하여 그날 오후에 뷔송빌로 진격을 개시하자, 코헨하우젠전투단은 고립될 위기에 봉착했다.

크리스마스 이브 저녁에는 뤼트비츠도 제2기갑사단이 더이상 진격할 수 없다는 사실을 분명히 깨달았다. 당시 독일 제2기갑사단의 주요 상대가 미 제2기갑사단과 제84보병사단이라고 생각했던 뤼트비츠는, 진격이 지지부진하던 교도기갑사단에게 "셀르(Celles)로 와서 제2기갑사단과 합류하여 뫼즈 강으로 진출하라"고 명령하는 대신 약해질 대로 약해진 제2기갑사단이 로슈포르의 군단교두보까지 퇴각할 수 있도록 시간을 벌어야 한다고 판단했다. 그러기 위해서는 어떻게든 미군이 더이상 전진하지 못하도록 막아야 할 필요가 있었다.

뤼트비츠는 위맹(Humain)과 뷔송빌을 점령하고 포위된 제2기갑사단에게 가해지는 압력을 완화시켜보려 애를 썼지만, 그로서도 당장 할 수 있는 일이 없었다. 독일군으로서는 제9기갑사단이 한시라도 빨리 도착해야만 어떻게든 일이 풀릴 상황이었으나, 제9기갑사단의 진출은 여전히 더디기만 했다. 설상가상으로 연료부족으로 꼼짝도 못하고 하루를 날려버리는 일이 벌어지기까지 했다.

미 제2기갑사단장 어네스트 하먼 소장은 공중정찰로 이미 위치가 파악된 코헨하우젠전투단을 공격하고 싶어 안달이 나 있었다. 게다가 미군은 독일군의 무선통신을 방수(傍受)하면서 독일군이 심각한 연료부족상황에

1944년 크리스마스, 나뮈르에서 콜드스트림근위연대 제2중대(2 Troop, the Coldstream Guards)의 중대장 로버트 보스캐원(Robert Boscawen) 중위가 17파운드포를 장비한 셔먼전차에 탑승하여 뫼즈 강의 교량 중 하나를 지키고 있다. 크리스마스 직전에 독일군의 뫼즈 강 도하 기도를 차단하기 위해 영국군 기갑부대가 강을 따라 배치되었다.(NARA)

빠져 있다는 사실을 알게 되었다. 이제 독일육군의 선봉대는 '앉은뱅이 오리'나 다름없었고, 남은 문제는 이 오리를 어떻게 요리할지 결정하는 것뿐이었다. 하지만 몽고메리는 여전히 "독일군은 남은 전력을 모조리 중부전선에 투입하여 리에주로 진격을 계속할 계획을 하고 있다"고 우려했다.

12월 23일 콜린스를 방문한 하지스는 콜린스가 제2기갑사단으로 독일군 제2기갑사단의 선봉대를 공격하고 싶어한다는 사실을 알게 되었다. 그러나 12월 23일의 혼란스러운 철수계획 때문에 만헤이 인근에서 벌어진 전투의 여파를 우려한 몽고메리는 하지스에게 "콜린스의 제7군단을 전진시키지 말고 안덴(Andenne)-오통-만헤이 선으로 철수시키자"고 제안했다. 당시 몽고메리는 북부지역의 상황을 안정시키는 것에만 정신이 팔려 있었고, 이런 몽고메리의 태도에 내심 불안해진 브래들리는 하지스에게 "비록 자네가 이제는 내 지휘하에 있지 않네만, 더이상 독일군들이 진출하도록 허용하는 것은 정말 좋지 않은 일이라고 보네"라며 암묵적인 경고를 보냈다.

다음날, 몽고메리는 다시 한 번 "제7군단은 더이상 나서지 말고 굳건한 방어태세를 취해야 한다"고 강조했지만, 하지스와 제1군 참모진은 내심 공격에 나서려는 콜린스를 그대로 내버려두고 싶어했다. 결국 몽고메리의 지시를 전하기 위해 한 참모장교가 제7군단에 파견되었으나, 제1군 사령부는 고의적으로 구체적인 공격금지명령을 내리지 않았다. 공격적인 성격의 콜린스가 알아서 참모진의 의도를 눈치채고 공격에 나서 독일군의 선봉대를 박살내주기를 바랐던 것이다.

하지스의 참모들이 의도한 대로, 콜린스는 즉각 공격을 명령했다. 이 시의적절한 명령 덕분에, 제2기갑사단은 이미 약해질 대로 약해진 뤼트비츠의 기갑사단들이 전열을 정비하여 한꺼번에 공세에 나서는 사태를 미연에 방지할 수 있었고, 빈사상태로 줄줄이 전장에 도착한 독일군 기갑사단들을 차례로 하나씩 깨부술 수 있었다.

제2기갑사단은 크리스마스에 B전투단을 동원하여 뷤전투단과 코헨하

크리스마스 며칠 후, 교도기갑사단은 뫼즈로 가는 접근로에서 미 제2기갑사단과 격전을 벌였다. 교도기갑사단의 뷔송빌 공격중 격파당한 판터G형의 모습. (NARA)

우젠전투단에게 공격을 가했고, 그 사이 A전투단과 제4기병연대는 동쪽으로 진출하여 선봉대의 뒤를 따르던 교도기갑사단과 새로 도착한 제9기갑사단의 앞을 가로막았다. 시네이로부터 각각 독일군의 측방을 향해 공격을 시작한 B전투단의 2개 특임대는 오후 무렵 셀르에서 합류한 후 마을의 독일군을 소탕했다.

교도기갑사단은 오전 07:50시경에 뷔송빌에 공격을 가해 A전투단을 몰아내려고 시도했으나, 8대의 전차와 1대의 돌격포, 다수의 보병만 잃고 공격은 실패하고 말았다. 40분 후, 기갑척탄병들이 다시 공격해보았지만 역시 막대한 손실만 입고 격퇴당했다. 그리고 독일군은 더이상 공격에 나서지 못했다. 위맹 공격에 나선 교도기갑사단의 또다른 대대의 경우에는 그래도 좀 상황이 나아서, 제4기병연대의 1개 중대를 마을로부터 밀어내고 미군의 반격으로부터 마을을 지켜냈다.

셀르에서 포위된 독일군을 구하기 위해, 라우헤르트는 마르쉐 부근에서 제2기갑사단의 잔존병력으로 홀트마이어전투단을 구성한 뒤 12월 25일과 26일 사이의 밤에 로슈포르를 출발했다. 홀트마이어전투단은 셀르 포위망으로부터 1킬로미터도 떨어지지 않은 곳까지 진출하는 데 성공하지만, 미군은 별다른 기갑차량의 지원을 받지 못한 홀트마이어전투단을 일단 포격으로 산산조각낸 후 제2기갑사단 B전투단으로 거칠게 몰아내버렸다.

12월 27일, 제4기병연대는 셀르 포위망을 굳히기 위해 시에르농(Ciergnon) 인근에 저지선을 구축했고, 제2기갑사단 A전투단은 뷔송빌에서 남쪽으로 공격을 개시하여 독일 제2기갑사단의 주 집결지인 로슈포르까지 도달했다.

12월 26, 27일 양일간 제2기갑사단 B전투단은 포위망을 더욱 압축해 들어갔다. 12월 26일 15:30시, 독일 제2기갑사단 사령부는 포위망 내의 생존자들에게 무선으로 "남은 중장비를 모두 파괴하고 도보로 탈출하라"는 명령을 내렸다. 포위된 독일군들은 26일 두 차례에 걸쳐 탈출을 시도했고, 27일 포위망 내의 독일군은 완전히 붕괴되었다. 약 150여 대의 전차와 차량들이 파괴되거나 유기된 채로 발견되었으며 448명의 독일군이 포로로 잡혔다. 12월 26일과 27일의 밤에 숲을 뚫고 탈출에 성공한 독일군은 600명가량이었다. 독일 제2기갑사단의 전차 및 돌격포 보유 대수는 공세 개시 당시 120여 대였던 것이 12월 말이 되자 20대로 줄어들었고, 사단은 이제 더이상 유효한 전투부대로서 제 구실을 할 수 없게 되었다. 한편, 교도기갑사단은 제9기갑사단 예하대의 증원을 받아 계속 제7군의 공격을 막아내기 위해 분투하고 있었다.

12월 27일, 하몬은 A전투단과 예비전투단을 모두 투입해 위맹을 공격했다. 그리고 자정 무렵, 마침내 독일군 제9기갑사단으로부터 마을을 탈환하는 데 성공했다. 한편, 인접한 제335보병연대도 마르쉐로부터 출격하여 마르쉐 고원으로 가는 주요 고속도로를 완전히 차단했다. 이 무렵, 만토이펠은 더이상 뫼즈 강에 도달하기 위해 공격을 해봤자 아무 소용이 없다는 사실을 깨닫고 있

1945년 1월 13일, 베리스므닐(Berismenil) 인근의 숲지대에서 한 차례 전투를 치른 미 제84보병사단 병사들이 참호를 파고 있다. 앞쪽에 전투 중 사망한 병사의 시신이 보인다. 제84보병사단은 다음날 그랑모르망(Grande Morment)까지 진격했다. 아르덴에서 수주간 격전을 치른 동사단은 이후 진격을 정지하고 휴양을 취하게 되었다.

었다. 게다가 휘하의 최정예 2개 기갑사단은 전력이 거의 거덜나서 가용 전차가 50대 정도밖에 남지 않았으므로 공세작전에 투입할 수 있는 상태도 아니었다.

## :: 바스토뉴 해방

패튼의 제3군과 바스토뉴 사이에 뚫린 회랑은 애초에 열악한 2등급 도로였던 데다 처음 며칠간은 위태로운 상황에 처해 있었다. 미군은 보다 상태가 좋은 바스토뉴 행 주요도로를 확보하기 위해 싸우다 12월 마지막 주를 다 보내야만 했다. 또 독일군은 독일군대로 이 회랑을 차단하기 위해 안간힘을 썼다. 하지만 여전히 만토이펠은 "우선 바스토뉴에서 저항하고 있는 미군을 처리하고 북서쪽으로 방향을 돌려 디낭까지 진출할 수 있다면 본전치기는 할 수 있을 것"이라는 희망을 버리지 않았다. 모델과 룬트슈테트도 만토이펠의 구상에 동의하고 카를 데커(Karl Decker) 중장의 지휘하에 제39기갑군단본부를 편성하여 여타 아르덴 지역에서 잡다한 부대들을 긁어모았다.

총통경호여단은 바스토뉴의 남쪽을 공격하는 임무를 맡았다. 그 외에도 북부지역에서 큰 타격을 받은 제1친위기갑사단 라이프슈탄다르테 아돌프히틀러(1st SS–Panzer Division Leibstandarte SS Adolf Hitler)와 제3기갑사단, 총통척탄병여단도 바스토뉴 공격을 위해 이동해왔다. 그러나 오토

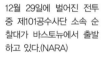

12월 29일에 벌어진 전투 중 제101공수사단 소속 순찰대가 바스토뉴에서 출발하고 있다.(NARA)

레머(Otto Remer) 대령의 총통경호여단이 시
도한 첫 번째 공격은, 본격적인 공격을 채 시
작하기도 전에 미군 전폭기의 공습을 받고
중단되고 말았다.

　미군은 미군대로 제9기갑사단 A전투단이
바스토뉴의 서쪽 측면을 뚫어보려고 12월 27
일에 공격을 시작했으며, 3일 동안 독일군
방어선을 서서히 밀어붙여나갔다.

　독일군의 '벌지(Bulge: 돌출부─옮긴이)'
를 제거하는 데 있어 연합군으로서는 몇 가
지 전략적인 선택을 할 수 있었다. 그 중 제
일 야심찬 것은 패튼의 제안이었다. 패튼의
제3군이 룩셈부르크 시 부근에서 공격을 시
작하면, 동시에 미 제1군도 돌출부의 뿌리부
분을 북쪽에서 파고들어와 생비트에서 합류
하면서 최대한 많은 독일군 제5기갑군과 제6
기갑군 부대들을 포위하자는 계획이었다. 그
러나 브래들리와 아이젠하워는 이 계획을 그
다지 달가워하지 않았다. 과연 한겨울에 룩

1945년 1월 16일, 패튼의 제3군과의 연결을 위한 전투 중
제75보병사단 제289보병연대 3대대 소속 기관총팀이 살름
샤토(Salmchateau)의 한 가옥에 30구경기관총 진지를 만
들어 놓고 있다.

셈부르크와 엘젠보른 능선, 호헤스펜 습지대의 제한된 도로망을 이용하여
그러한 대규모 기동전을 수행할 수 있는지가 의심스러운 상황이었고, 또
독일군이 미군의 진격속도보다 더 빨리 퇴각할 수 있을 것으로 예상됐기
때문이었다.

　콜린스와 리지웨이는 크리스마스 이후 당장 공세로 나서고 싶어했지
만, 여전히 몽고메리는 지나치게 연장된 제1군 방어구역 어딘가로 독일군
이 뚫고 들어오지나 않을까 불안해하고 있었다. 반면 제1군단 사령관들은

과연 독일군에게 그럴 역량이 있을지 의문을 품고 있었고, 또 제1군 방어선이 얼마나 단단한지에 관해서도 보다 현실적인 평가를 내리고 있었다.

콜린스가 "독일군 돌출부의 뿌리부분을 끊어내기 위해 타이유 고원에서 생비트 방면으로 공격해 들어갈 수 있겠는가"를 묻자 몽고메리는 "이보게, 조. 도로라고는 딱 하나밖에 없는데, 그걸로 군단병력에 대한 보급을 할 수 있다고 생각하나?"라고 반문했다. 이런 몽고메리의 반응에 흥분한 콜린스는 "몬티! 영국군은 할 수 없을지 모르지만 우리 미군은 할 수 있단 말이오!"라고 항의했다. 몽고메리가 계속 제1군의 공세계획에 딴지를 걸자 아이젠하워는 "애초에 제1군의 지휘권을 몽고메리에게 주는 것이 아니었다"며 땅을 치고 후회했다.

콜린스는 하지스에게 독일군 돌출부의 제거를 두고 세 가지 선택사항을 제시했다. 제일 안전한 방법은 패튼의 공세와 발맞춰 제7군단도 공격에 나서 양군을 우팔리제에서 합류시키는 것이었다. 이 작전대로 하면 바스토뉴의 북서쪽, 즉 돌출부의 맨 꼭대기 부분까지 진출한 독일군을 포위할 수는 있었다. 그러나 대부분의 미군 지휘관들은 이 작전으로 많은 독일군을 섬멸할 수 있을 것이라고는 생각지 않았다.

12월 27일, 아이젠하워는 가장 안전한 방법을 승인했다. 계획상으로 패튼의 제3군은 12월 30일 공격을 개시하고, 제1군은 1월 3일부터 반격에 나서기로 되어 있었다. 그러나 이 계획은 돌출부의 뿌리를 자르고 들어가기보다는 단순히 독일군의 돌출부를 밀어내자는 이야기였고, 포위섬멸전보다는 소모전으로 독일군을 격파하자는 이야기였다.

바스토뉴를 둘러싸고 명확한 승부가 나지 않는 소규모 접전과 병력 재배치로 며칠을 보낸 독일군과 미군 양측은 12월 30일에 총공세를 시작하기로 계획했다. 상당한 증원을 받은 미들턴의 제8군단은 서쪽에 제87보병사단, 중앙에 새로이 도착한 신예 제11보병사단, 그리고 바스토뉴 회랑에 제9기갑사단을 배치해놓고 있었다. 미군의 공세목표는 바스토뉴의 서쪽 측면으로부터 독일군을 몰아내는 것이었다. 동시에 만토이펠도 바스토뉴와 미군 전선을 잇는 회랑을 없애버릴 공세를 계획하고 있었으며, 제47기갑군단은 북서쪽에서, 새로 조직된 제39기갑군단으로는 남동쪽에서 각각 회랑을 공격할 예정이었다.

양측은 공격에 앞서 격렬한 공격준비사격을 실시했다. 실제 공격이 시작되자 미군의 제11기갑사단과 제87보병사단은 어느정도 진격하는 데 성공했지만, 반면에 독일군은 거의 성과를 거두지 못했다. 레머의 총통경호여단은 공격시작선을 별로 넘어서지도 못한 채 발이 묶였고, 이웃의 제3기갑사단은 공격은커녕 종일 공격해오는 미군을 맞아 방어전을 벌여야만

1945년 1월 3일, 바스토뉴로부터 밀고 나가는 공세에 참가한 M4셔먼전차 한 대가 30구경기관총 진지를 지나고 있다.(NARA)

했다.

제39기갑군단은 제1친위기갑사단 라이프슈탄다르테 아돌프히틀러 사단 소속의 1개 전투단과 새로 전선에 도착한 제167국민척탄병사단으로 공격에 나서 뤼트르부아(Lutrebois) 주변에서 미 제35보병사단을 몰아쳤다. 그러나 미군 보병들은 끈질기게 버텼고, 결국 독일군은 제35사단 포병대 및 제4기갑사단 포병대의 포격과 미군 항공대의 대규모 근접항공지원에 물러날 수밖에 없었다.

제167국민척탄병사단장 휘커(Hücker) 장군은 당시 공격의 선봉에 섰던 1개 대대병력이 "단 세 발의 포탄에 산산조각이 났다"고 보고했다. 이는 미군이 비밀리에 개발한 신병기인 '전파를 이용한 근접신관(Proximity Fuse)'의 데뷔를 알리는 사건이었다. 근접신관을 장착한 포탄은 지상으로부터 일정 고도에 이르면 자동으로 이를 감지하고 공중에서 폭발하면서 야지에 노출된 보병들에게 치명적인 타격을 안겨주었다.

오후 들어 제1친위기갑사단 전투단의 전차들이 뤼트르망쥬(Lutre-mange)-뤼트르부아 간 도로를 따라 공격에 나서자, 이번엔 미군전폭기들이 무시무시한 폭격을 가해왔다. 한 독일군 전차중대는 미군전폭기의 공격을 겨우 피하는 데 성공했지만, 곧바로 미 제4기갑사단의 매복에 걸려 12대의 전차와 3대의 돌격포를 잃고 그 자리에 주저앉고 말았다.

12월 30일 밤이 되자 독일군의 공격이 완전히 실패했다는 것이 분명해졌고, 이제 공세의 주도권은 미군이 쥐게 되었다. 미 제6기갑사단은 12월 31일에 바스토뉴 회랑의 동쪽 측면으로부터 공세에 나설 계획이었으나, 도로결빙과 교통정체 때문에 예정된 시각에 공격에 나서지 못했다. 1월 1일, 겨우 시작된 제6기갑사단의 공격은 순조롭게 진행되어 비조리와 마그레가 미군의 손에 떨어졌고 1월 2일에는 진격속도가 더욱 빨라졌다. 그러나 제6기갑사단과 나란히 진격하던 제35보병사단은 전날의 공격으로 인해 여기저기 고립된 상태로 저항하던 독일군들을 소탕하느라 전진이 조금

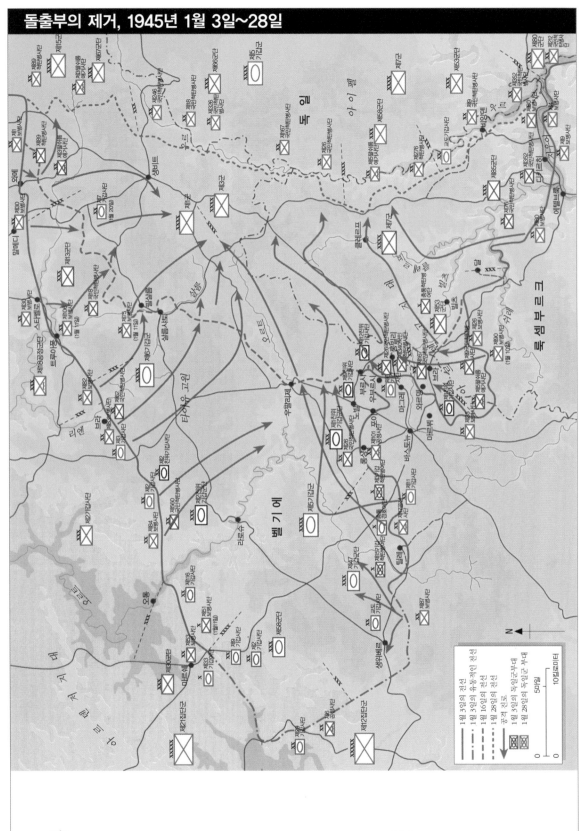

1월 20일, 바스토뉴 시내를 제90사단 소속 트럭들이 지나는 모습.

더뎠다. 바스토뉴의 우측면으로 밀고 올라간 미 제8군단 예하 제11기갑사단의 전차들은 일련의 교전과정에서 레머의 총통경호여단과 치열한 전투를 벌였다.

4일간 벌어진 전투에서 제11기갑사단은 겨우 6마일을 전진하면서 660명의 사상자를 내고 42대의 M4전차와 12대의 M5A1경전차를 잃어버렸다. 그러나 미 제7군단이 독일군 제49기갑군단의 공격을 성공적으로 저지하면서 망드-생테티엔느(Mande-St Etienne)의 도로교차점을 점령하자, 이제 바스토뉴 북서부의 독일군들은 후방이 차단될 위기에 빠지게 되었다.

이제 더이상 공세를 취할 여력이 없어진 만토이펠은, 미군이 계속 바스토뉴의 서쪽 측면으로 공격해올 경우 제47기갑군단이 포위될 수도 있다는 사실을 깨닫고 오데뉴-라로슈-생위베르 선까지 철수할 것을 제안했다. 모델은 일단 만토이펠의 제안에 동의는 했지만, 히틀러가 절대로 곱게 철수를 허용하지는 않을 것임을 잘 알고 있었다. 나중에 만토이펠은 1945년 1월 3일에 벌어진 전투로 미군에게 전략적 주도권이 완전히 넘어간 시점을 아르덴 전투의 마지막 분기점으로 꼽았다. 그날 이후 독일군은 아르덴 지역에서 두 번 다시 대규모 공격을 취하지 못한 채 계속 방어전만을 치르다 점점 소모되어 갔다.

## :: 벌지의 제거

12월 말이 되자, 히틀러마저도 아르덴에서 승리를 거둘 수 없다는 사실을 인정했다. 12월 27일, 독일군 제6기갑군에게 방어태세로 전환하라는 명령이 떨어졌다. 이제 히틀러는 자신의 과대망상을 남쪽의 알자스 지방으로 돌렸다. 히틀러는 패튼의 제3군이 아르덴으로 빠져나간 빈자리까지 방어하느라 지나치게 늘어난 미 제6집단군의 방어선을 어떻게든 해보고 싶어했다. 히틀러의 희망에 따라, 1945년 1월 3일에 '노르트빈트(Nordwind) 작전'이 개시되어 어느정도 성과를 거두기도 했다. 그러나 이런 승리는 전략적 상황에 전혀 변화를 줄 수 없었고, 안 그래도 부족한 독일군의 보급과 병력을 더욱 축냈다는 것 말고는 아르덴 전선에도 별다른 영향을 미치지 못했다.

1월 2일, 만토이펠은 바스토뉴 주변지역으로부터 보다 방어가 용이한 우팔리제 부근까지 전면철수를 허가해줄 것을 요청했다. 그러나 모델은 히틀러가 어떠한 철수도 용인하지 않을 것임을 잘 알고 있었기에 이 요청을 허가해줄 수 없었다. 히틀러는 오히려 한발 더 나아가 1월 4일에 재차 바스토뉴에 대한 공격을 명령했으나, 이 공격도 초반에 약간의 진전을 보이다 곧 좌초되고 말았다.

1945년 1월 3일, 미 제1군은 패튼의 제3군과의 연결을 위한 공격을 개시했다.

1월 5일, 모델은 무지막지한 압박을 받고 있는 제6기갑군을 지원하기 위해 바스토뉴 지역에서 2개 기갑사단을 뺄 수밖에 없었고, 이로 인해 독일군은 더이상 바스토뉴를 공격할 능력을 상실하고 말았다.

미군의 입장에서 보면 1945년 1월에 벌어진 전투는 독일군과의 싸움인 동시에 날씨와의 싸움이기도 했다. 계속되는 강설로 바스토뉴와 우팔리제 사이의 수많은 소로들과 도로교차점들을 통한 이동은 독일군과 미군 모두에게 악몽같은 일이 되었다. 히틀러는 1월 8일이 되어서야 이미 오래

전에 기정사실이 된 아르덴 공세의 실패를 인정하고, 조금씩이지만 꾸준한 미군의 진격에 그나마 남아 있던 독일군 부대마저 포위당하는 사태를 막기 위해 철수를 허가했다. 그러나 이 철수마저도 계획대로 진행되지는 못했고, 라로슈는 예상보다 일찍 미군에게 함락되고 말았다.

히틀러는 제6기갑군의 담당구역을 점진적으로 제5기갑군에게 인계하는 한편, 독일군의 돌출부가 완전히 사라지는 시점에 있을지도 모르는 연합군의 대공세에 대한 예비대로 제6기갑군을 활용하고자 했다. 패튼이 제안했던 것이 바로 이러한 작전이었지만, 사실 미군은 그렇게 할 계획이 없었다. 그러나 이때 동부전선에 불벼락이 떨어지면서 사실상 아르덴의 전황은 어떻게 돌아가든 별 의미가 없는 일이 되어버렸다.

1945년 1월 12일, 소련군은 오랫동안 준비해온 동계공세를 시작했다. 붉은 군대가 턱밑까지 치고 올라온 상황에서 독일로서는 더이상 서부전선에서 히틀러가 하고 있는 바보같은 도박에, 그것도 거의 실패한 것이 확실한 도박에 자원을 쏟을 여유가 없었다.

1월 14일, 룬트슈테트는 히틀러에게 "라인 강까지 단계적으로 철수할 수 있게 허가해달라"고 거의 애걸했지만, 히틀러는 겨우 서부방벽까지의 철수만 허가해주었다. 1월 16일, 마침내 미 제1군과 제3군이 우팔리제에서 연결되면서 독일군 돌출부 제거작전의 1단계가 끝났다. 미군이 독일군의 공세로 상실된 지역을 모두 회복한 것은 1월 28일이 되어서였다.

아르덴 전투의 영향

서부전선에서의 히틀러의 마지막 도박은, 아르덴 공세 첫주 제6기갑군이 리에주의 뫼즈 강 교량 확보에 실패한 시점에서 이미 끝난 것이나 다름없었다. 제5기갑군이 중부와 남부전선에서 미군 전선을 깊숙이 뚫고 들어가는 데 성공하긴 했지만, 그렇다고 다수의 미군부대를 격멸한 것도 아니고 유력한 지형을 확보한 것도 아닌, 결국은 '갈 곳 없는 돌격' 일 뿐이었다. 아무리 잘 봐주더라도 아르덴 공세의 성과라고는 서부독일에 대한 연합군의 공격계획 일정을 다소 지연시킨 것뿐이었다. 하지만 아르덴에서의 손실로 인해 1945년에 독일육군이 제대로 방어작전을 펼 수 없었다는 점을 감안하면, 이조차도 소득이라고 볼 수 있을지 의심스럽다.

아르덴 공세가 전체적인 전국(戰局)에 끼친 가장 결정적인 영향은 소련의 대공세 움직임으로부터 독일군의 주의를 완전히 돌려놓았다는 것이었다. 소련군의 총공격이 예상되는 상황에서 다른 전선에서 전력을 끌어와도 모자랄 판에, 독일군은 되려 동부전선의 병력을 빼내서 서부전선에서 무익하게 소모해버렸고, 막상 소련군의 공세가 시작됐을 때에는 이를 막을 예비대를 확보할 수가 없었다. 어떻게 보면, 1945년 초에 발생한 동부전선의 대재앙은 히틀러가 자초한 것이었다.

전술적인 관점에서 만토이펠의 제5기갑군은 디트리히의 제6기갑군보다 훨씬 탁월한 활약을 보여주었다. 1995년, 미 육군이 벌지 전투의 역사적 데이터를 토대로 컴퓨터 워게임(War game) 시뮬레이션을 실시한 결과, 제5기갑군은 주어진 자원이 허용하는 이상의 성과를 거둔 반면 제6기갑군은 주어진 자원으로 달성할 수 있는 성과조차 제대로 거두지 못한 것으로 나타났다. 친위대는 지속적으로 고위지휘부의 무능에 시달려야 했으며, 이런 폐해는 특히 벌지 전투와 같은 공세작전에서 더욱 두드러졌다. 반면, 독일육군은 아르덴 작전 당시와 같은 열악한 조건하에서도 탁월한 전술적 능력을 보여주었다. 애초부터 허점투성이였던 아르덴 계획을 꼼꼼한 준비를 통해 그만큼이라도 실행했던 만토이펠의 지도력이 그 대표적인 예라고

하겠다. 하지만 이미 쇠약해질 대로 쇠약해진 1944년의 독일육군은 제2차 세계대전 초기에서처럼 효과적으로 공세작전을 펼칠 수 있는 능력을 상실하고 있었다. 룬트슈테트의 참모장은 훗날 벌지 전투가 "서부전선에서 싸우던 독일육군의 등뼈를 부러뜨렸다"고 술회했다.

전투가 일단락 된 후 모델의 사령부에서 열린 지휘관 회의에서, 독일군 지휘관들은 벌지 전투의 패배 이후 병사들의 사기가 크게 떨어졌으며 전쟁에 염증을 내는 분위기가 확산되고 있다고 결론지었다. 독일공군 전투기대 총감이었던 아돌프 갈란트는, 후에 아르덴 공세 기간에 독일공군이 "대규모 항공전, 특히 크리스마스를 전후해 벌어진 공중전에서 완전히 전멸당했다"고 기록했다. 독일육군 최고사령부의 기록담당자였던 쉬람(P. E. Schramm)은 나중에 "아르덴 공세의 실패는 이제 적군이 항공전력뿐 아니라 기갑전력에서도 우리보다 우위에 있다는 사실을 명백하게 보여주었다"고 기록했다.

아르덴 전투로 미군과 독일군 양측 모두 큰 피해를 보았다. 미군 사상자는 1월 말까지 전사자 8,407명, 부상자 4만 6,170명, 실종자 2만 905명 등 총 7만 5,482명에 달했다. 영국 제30군단도 전사자 200명, 부상자 239

벌지 전투가 끝난 후에도 수 개월 동안이나 벨기에의 아르덴 지방에는 사방에 격파된 장갑차량들이 널려 있었다. 사진은, 기갑척탄병들에게 화력지원을 제공해 주기 위해 SdKfz251하노마그반궤도장갑차의 차체에 단포신75밀리미터포를 장착한 슈툼멜(Stummel)이 격파된 모습.(NARA)

명, 실종자 969명 등 1,408명의 사상자를 기록했다. 독일군의 피해는 평가 기준에 따라 6만 7,200명에서 9만 8,025명까지 다양하다. '6만 7,200명'인 경우를 보면, 전사자 1만 1,171명, 부상자 3만 4,439명, 실종자 2만 3,150명이었다. 독일군은 아르덴 지역에서 공세 개시 당시 기갑전력의 45퍼센트에 해당하는 610대의 전차와 돌격포를 상실했고, 미군측은 730대의 전차와 대전차자주포를 잃었다.

독일군의 공세가 시작되었을 무렵, 미군의 고위지휘관 레벨에서는 몇 가지 중요한 실수를 범하기는 했어도 일선부대들은 전술적 차원에서 탁월한 활약을 보여주었다. 미군부대 중에서 독일군에게 분쇄된 경우는 생비트 인근에서 포위섬멸된 제106사단뿐이었으며, 그것도 이 사단이 신병으로 구성된데다 지나치게 넓은 구역에 분산배치된 상태에서 압도적인 수적 우위를 가진 적의 공격을 받았기 때문이었다. 전반적으로 독일군의 공세에 대한 미군의 대응은 시의적절했다. 미군은 독일군에 비해 기계화가 훨씬 잘 이루어져 있었으며, 이에 기반한 우월한 기동력을 잘 활용하여 신속한 부대이동을 통해 독일군의 진격을 막을 수 있었다. 든든한 포병지원을 등에 업은 미군 보병, 기갑, 공병부대들의 완강한 방어로 인해 독일군의 공세는 실패로 돌아가고 말았다.

작전 측면에서 보았을 때, 크리스마스 이후 연합군의 대응은 패튼의 신속한 바스토뉴 구출을 제외하면 한마디로 미적지근했다. 브래들리와 아이젠하워는 독일군의 공세를 예측하지 못했다는 사실 때문에 자신감에 큰 타격을 입고 있었고, 또 벌지 전투 후반기에 돌출부 북부의 미군부대 지휘권을 몽고메리에게 넘겨버리는 불행한 실수와 맞물려 연합군은 반격에 지나치게 소극적인 모습을 보여주었다. 그 결과, 연합군은 대규모의 독일군을 포위섬멸하거나 최소한 무질서한 패주로 몰아넣을 수 있는 기회를 앉아서 날려버리게 되었다. 하지만 이러한 문제점들에도 불구하고 미군은 아르덴 전투에서 독일군을 패퇴시킴으로써 독일육군을 반신불수로 만들었다. 덕분에 1945년 2월과 3월에 독일 북서부에 대한 공격작전도 훨씬 수월하게 펼칠 수 있었다.

한편 아르덴 전투는 연합군 사령부에 새로운 위기를 불러일으키기도 했다. 아르덴 전투가 끝난 후, 몽고메리는 연합군의 승리에 자신이 중요한 역할을 한 것마냥 떠들고 다녔다. 애당초 몽고메리는 자신이 이끄는 영국 제21군을 중심으로 전선의 어느 한 곳을 집중적으로 뚫고 들어가야 한다는 자신의 지론에 맞도록 연합군의 기본전략을 바꾸고 싶어했다. 그는 이를 위해 수 개월에 걸쳐 연합군 지상군총사령관으로 임명되기 위한 여론몰이를 하고 있었다. 이런 문제에 진절머리가 난 아이젠하워는 최선의 해결책으로 몽고메리에게 자진사퇴를 권유했고, 결국 북서유럽지역에서 연합군이 취해야 할 전략을 두고 벌어진 논란은 몽고메리가 한발 물러나고 아이젠하워의 광정면(廣正面) 접근전략을 채택하는 것으로 일단락되었다.

오늘날의 전장

벌지 전투로 인해 파괴되었던 아르덴 인근의 소읍들은 전후 재건되었다. 그러나 시골의 작은 동네들은 시간이 지나도 과거와 크게 달라지거나 하지는 않았다. 도로사정은 1944년보다 훨씬 좋아졌지만, 특징적인 지형은 오늘날에도 거의 똑같이 남아 있다. 삼림지대 일부는 거의 변하지 않았고, 오늘날에도 벌지 전투 당시의 참호와 진지의 흔적들이 여전히 남아 있다.

이 지역에서는 미로처럼 뒤엉킨 작은 소로들 사이에서 길을 잃기 쉬우며, 따라서 좋은 지도가 필수적이다. 전설적인 방어전으로 유명해진 바스토뉴에는 많은 기념관과 박물관들이 당시의 전투를 기념하고 있다. 바스토뉴 시 주변을 따라 벌지 전투 당시 격파된 셔먼전차의 포탑들이 전시되어 있으며, 석조구조물로 1944년 당시의 외곽방어선들을 표시해놓고 있다.

마을 중앙의 맥컬리프 광장에는 제11기갑사단 제41전차대대 소속의 '바라쿠다(Barracuda)'라는 애칭이 붙은 M4셔먼전차가 전시되어 있다. 이 전차는 1944년 르히몽(Rechimont) 인근에서 격파되었다가 전후 복원되었다. 시 외곽의 <바스토뉴 역사 센터(The Bastogne Historical Center)>는 벌

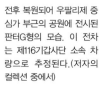

전후 복원되어 우팔리제 중심가 부근의 공원에 전시된 판터G형의 모습. 이 전차는 제116기갑사단 소속 차량으로 추정된다.(저자의 컬렉션 중에서)

지 전투와 관련된 여러 박물관들 중 최고 박물관의 하나로서, 훌륭한 상태의 각종 제복 및 장비 컬렉션을 보유하고 있다.

벨기에의 아르덴 지역에는 아직도 많은 전차들과 장비들이 여기저기 흩어져 당시 전투의 치열함을 말없이 증언해주고 있다. 인접한 룩셈부르크도 한번 가볼 만한 곳이다. 그러나 오늘날 룩셈부르크의 아름다운 경치를 보면서 1944년~45년 당시 그곳에서 싸웠던 병사들이 직면했던 어려움을 상상하기란 어려울 것이다.

디키르히의 <국립전쟁사박물관(The National Military History Museum)>은 벌지 전투를 기념하기 위해 세워진 박물관으로, 훌륭한 차량과 장비, 제복 컬렉션을 소장하고 있다.

# | 참고 문헌 |

William Cavanagh, *A Tour of the Bulge Battlefield*, Leo Cooper, 2001.

Hugh M. Cole, *The Ardennes: Battle of the Bulge*, OCMH, 1965.

Roland Gaul, *The Battle of the Bulge in Luxembourg*, Schiffer, 1995.

Heinz Gunter Guderian, *From Normandy to the Ruhr*, Aberjona, 2001.

Herman Jung, *Die Ardennen-Offensive 1944/45*, Musterschmidt, 1971.

Oscar Koch, *G-2: Intelligence for Patton*, Schiffer, 1999.

George Koskimaki, *The Battered Bastards of Bastogne*, Casemate, 2003.

S. L. A. Marshall, *Bastogne: The First Eight Days*, Infantry Journal, 1946, 1988 GPO
    reprint.

Jean Paul Pallud, *Battle of the Bulge: Then and Now*, After the Battle, 1984.

Danny Parker, *To Win the Winter Sky*, Combined Publishing, 1994.

Michael Reynolds, *Sons of the Reich: II SS Panzer Corps*, Casemate, 2002.

Helmut Ritgen, *The Western Front 1944: Memoirs of a Panzer Lehr Officer*, Federowicz,
    1995.

George Winter, *Manhay : The Ardennes, Christmas 1944*, Federowicz, 1990.

# 프랑스 1940

## 제2차 세계대전 최초의 대규모 전격전

**앨런 셰퍼드 지음 | 김홍래 옮김 | 한국국방안보포럼 감수 | 값 18,000원**

1940년, 독일의 승리는 세계를 놀라게 했다. 유럽의 강대국이자 세계에서 가장 거대한 군대를 보유하고 있던 프랑스는 불과 7주 만에 독일군에게 붕괴되었다. 독일군이 승리할 수 있었던 비결은 무기와 전술을 세심하게 개혁하여 '전격전' 이라는 전술을 편 데 있었다. 이 책은 프랑스 전투의 배경과 연합군과 독일군의 부대, 지휘관, 전술과 조직, 그리고 장비를 살펴보고, 프랑스 전투의 중요한 순간순간을 일종의 일일전투상황보고서식으로 자세하게 다루고 있다. 당시 상황을 생생하게 보여주는 기록사진과 전략상황도 및 입체지도를 함께 실어 이해를 돕고 있다.

# 쿠르스크 1943

## 동부전선의 일대 전환점이 된 제2차 세계대전 최대의 기갑전

**마크 힐리 지음 | 이동훈 옮김 | 한국국방안보포럼 감수 | 값 18,000원**

1943년 여름, 독일군은 쿠르스크 돌출부를 고립시키고 소련의 대군을 함정에 몰아넣어 이 전쟁에서 소련을 패배시킬 결전을 준비하고자 했다. 그러나 전투가 시작될 당시 소련군은 이 돌출부를 대규모 방어거점으로 바꾸어놓은 상태였다. 이어진 결전에서 소련군은 독일군의 금쪽같은 기갑부대를 소진시키고 마침내 전쟁의 주도권을 쥐었다. 그 후 시작된 소련군의 반격은 베를린의 폐허 위에서 끝을 맺었다.
히틀러와 소련 지도부의 전략적 판단, 노련한 독일 기갑군단, 그리고 독소전쟁 개전 이후 지속적으로 진화를 거듭해온 소련군의 역량이 수천 대의 전차와 함께 동시에 충돌하며 쿠르스크의 대평원에서 장엄한 스펙타클을 연출한다.

# 노르망디 1944

## 제2차 세계대전을 승리로 이끈 사상 최대의 연합군 상륙작전

**스티븐 배시 지음 | 김홍래 옮김 | 한국국방안보포럼 감수 | 값 18,000원**

1944년 6월 6일 역사상 가장 규모가 큰 상륙작전이 북프랑스 노르망디 해안에서 펼쳐졌다. 연합군은 유럽 본토로 진격하기 위해 1944년 6월 6일 미국의 드와이트 D. 아이젠하워 장군의 총지휘 하에 육·해·공군 합동으로 북프랑스 노르망디 해안에 상륙작전을 감행한다. 이 작전으로 연합군이 프랑스 파리를 해방시키고 독일로 진격하기 위한 발판을 마련하게 된다. 이 책은 치밀한 계획에 따라 준비하고 수행한 노르망디 상륙작전의 배경과, 연합군과 독일군의 지휘관과 군대, 그리고 양측의 작전계획 등을 비교 설명하고, D-데이에 격렬하게 진행된 상륙작전 상황, 그리고 캉을 점령하기 위한 연합군의 분투와 여러 작전을 통해 독일군을 격파하면서 센 강에 도달하여, 결국에는 독일로부터 항복을 받아내는 극적인 장면들을 하나도 놓치지 않고 자세하게 다루고 있다.

# 토브룩 1941

## 사막의 여우 롬멜 신화의 서막

존 라티머 지음 | 짐 로리어 그림 | 김시완 옮김 | 한국국방안보포럼 감수 | 값 18,000원

이 책은 1941년 2월부터 6월까지 롬멜의 아프리카군단이 북아프리카의 시레나이카에서 전개한 공세적 기동작전과, 영연방군이 이에 대항하여 토브룩 항구로 후퇴하여 전개한 방어작전을 다루고 있다. 우리는 이를 통해 롬멜의 신화가 어떻게 시작되었는지를 보게 된다. 독일의 대전차군단과 토브룩 방어군이 엮어내는 사막의 대서사가 생생한 사진과 짐 로리어의 빼어난 삽화를 통해 펼쳐진다. '사막의 여우' 롬멜과 '저승사자' 모스헤드가 벌이는 치열한 두뇌게임은 손에 땀을 쥐게 하며 사막의 전설이 되어버린 슈투카 급강하폭격기와 88밀리미터 대공포의 기상천외한 활약도 인상적이다.

# 벌지 전투 1944 (1)

## 생비트, 히틀러의 마지막 도박

스티븐 J. 잴로거 지음 | 하워드 제라드 그림 | 강민수 옮김 | 한국국방안보포럼 감수 | 값 18,000원

1944년, 노르망디 상륙작전의 성공으로 연합군은 그해가 다 가기 전에 전쟁을 끝낼 수 있을지도 모른다는 희망에 부풀어 있었다. 그러나 이미 독일군의 예봉은 동부전선에서 거두어져 서부전선으로 향하고 있었다. 실패할 경우 다시 일어설 수 있는 전력이 남아 있지 않다는 점에서 마지막 도박이라고 할 수 있었던 히틀러의 "가을안개" 작전으로, 연합군은 의표를 찔렸고 저지국가 일대의 습하고 변덕스런 날씨와 울창한 삼림 속에서 독일군과 뒤엉킨 채 숱한 혼전을 치러야 했다.
수많은 전투를 치러온 양측 백전노장들의 전술과 논전, 두뇌싸움은 실로 흥미진진하며 진격과 후퇴, 묘수와 실책, 행운과 불운 속에 갈리는 양측의 희비는 드라마보다도 더 극적이다.

지은이 스티븐 J. 잴로거(Steven J. Zaloga)
유니온 칼리지와 콜럼비아 대학에서 역사 학위를 받았으며 전쟁사와 전쟁 관련 기술에 대한 수십 권의 책을 저술했다. 현재 잴로거는 항공우주연구기업인 <틸 그룹(Teal Group Corp.)>의 고위분석가 겸 <방위연구소(Institute for Defense Analyses)>의 전략, 전력, 및 자원 분과의 비상근 연구원직을 맡고 있다.

그린이 피터 데니스(Peter Dennis)
1950년생으로 일찍부터 리버풀 아트칼리지(Liverpool Art College)가 발간한 일러스트레이션 연구지 <룩앤런(Look and Learn)>과 같은 잡지를 보고 일러스트레이터의 꿈을 키웠다. 지금까지 역사서를 중심으로 수백 권의 책에 일러스트를 그려왔으며, 열렬한 전쟁게임 마니아이자 프라모델 마니아이기도 하다.

그린이 하워드 제라드(Howard Gerrard)
월러시(Wallasey)예술학교에서 공부하였으며 지난 20여 년 동안 프리랜서 디자이너와 일러스트레이터로 활동해왔다. 제라드는 영국 항공우주기업 연합회 상(Society of British Aerospace Companies Award)과 윌킨슨 소드 상(Wilkinson Sword Trophy)를 수상하였으며 오스프리 출판사의 캠페인시리즈『69호: 나가시노 1575』,『72호: 유틀란드(Jutland) 1916』등에서 일러스트레이션을 담당한 바 있다. 현재 영국의 켄트(Kent)에 거주하며 활동하고 있다.

옮긴이 강민수
어려서부터 군사 분야에 많은 관심을 가진 밀리터리 팬으로 서울대 미학과와 한국외국어대학교 통역번역대학원 한영과를 졸업했다. 현재 프리랜서 통·번역사로 활동하고 있으며 주요 번역작으로『젊은 요리사를 위한 14가지 조언』이 있다.

감수자 유승식
연세대학교 경제학과와 동 대학원을 졸업했으며, 현재 공인회계사로 활동하고 있다. 전쟁 및 군사무기에 정통하여『독일 공군의 에이스』,『진주만 공격대』,『21세기의 주력병기(상)』,『미해군항모항공단』,『M1A1 에이브람스 주력전차』등을 저술했다. 또한 민간 군사 마니아를 대상으로 30권 이상의 서적을 발간했으며, 여러 월간지에 군사무기 관련 기사를 집필·번역했다.

**KODEF 안보총서 98**

# 벌지 전투 1944 (2)

**바스토뉴, 벌지 전투의 하이라이트**

개정판 1쇄 인쇄 2018년 2월 1일
개정판 1쇄 발행 2018년 2월 8일

지은이 | 스티븐 J. 잴로거
그린이 | 피터 데니스 · 하워드 제라드
옮긴이 | 강민수
펴낸이 | 김세영
펴낸곳 | 도서출판 플래닛미디어

주소 | 04035 서울시 마포구 월드컵로8길 40-9 3층
전화 | 02-3143-3366
팩스 | 02-3143-3360
등록 | 2005년 9월 12일 제 313-2005-000197호
이메일 | webmaster@planetmedia.co.kr

ISBN 979-11-87822-16-5 03390